拖拉机电控机械式自动变速器关键技术

TUOLAJI DIANKONG JIXIESHI
ZIDONG BIANSUQI GUANJIAN JISHU

闫祥海 著

中国农业出版社
农村设备出版社
北 京

随着机械化作业方式在现代农业生产中的普遍推广，人们对拖拉机性能要求不断提高，实现自动变速已成为现代拖拉机发展的趋势。国产拖拉机大都采用手动机械式变速器，存在驾驶员劳动强度大、作业效率低等问题。电控机械式自动变速器（automatic mechanical transmission，AMT）是在手动机械式变速器的基础上改造而成，能够实现换挡过程的自动控制，可解决手动拖拉机换挡频繁、换挡最佳时机不易把握等问题，无论从生产继承性还是产业化角度考虑AMT都具有一定的发展前景。

本书在分析AMT工作原理的基础上，确定了AMT操纵控制机构的类型。利用有限元软件建立了AMT主要零部件的有限元模型，分析了零件的模态特性和传动轴的临界转速，建立了齿轮碰撞数学模型和变速器传动的刚体动力学模型；建立了变速器传动的刚柔耦合动力学模型，分析了变速器传动轴的结构动力学特性；建立了同步器的仿真模型，对设计的同步器模型进行了仿真分析，验证了设计参数的正确性。

设计了一种拖拉机自动离合器操纵机构，得出了拖拉机离合器主要参数与传递转矩之间的函数关系。建立了离合器接合过程的动力学模型，制定了离合器接合控制方案，确定了拖拉机离合器起步过程控制系统的控制目标及控制方法。制定了模糊控制规则，设计了拖拉机离合器接合模糊控制器。针对不同的起步意图对拖拉机起步过程进行了仿真，结果表明了所设计的AMT拖拉机离合器接合控制方案是正确的、可行的。

研究了拖拉机机组行驶动力学，利用发动机实验数据建立了其数学模型，推导出拖拉机AMT动力性和经济性换挡规律数学模型，采用图解法和解析法制定出拖拉机AMT三参数动力性和经济性换挡规律。提出了利用模糊控制原理对其进行改进的策略，以控制拖拉机AMT降挡过程，将基于传统理论求解得到的升挡规律和利用模糊控制得到的降挡规律组合，得到拖拉机AMT换挡规律。

对系统输入输出信号进行了分类并制定了相应的软件控制规则，设计了拖拉机 AMT 人机交互模块。利用 Matlab/Simulink 软件建立了拖拉机 AMT 系统控制模型，利用 Embedded Coder 工具箱完成了硬件外设接口设计，采用数字滤波方法进行了软件系统抗干扰设计，通过代码自动生成工具将搭建的模型转换成软件代码。引入 DSP/BIOS 嵌入式实时操作系统作为系统软件的调度中心，设计了任务线程和优先级，进行了操作系统移植配置。

本书从 AMT 结构设计、控制策略制定、控制软件设计等方面进行了研究，以期为拖拉机 AMT 系统设计提供理论基础。

目录

目录

第1章 电控机械式自动变速器结构设计与动力学分析

1.1 AMT 基本结构与类型

1.1.1 AMT 基本结构

电控机械式自动变速器（AMT）是在传统手动机械式变速器的基础上，运用控制理论，结合微机控制技术、传感技术、信息处理技术，以电子控制单元为核心，根据车辆实际工况，通过电动、液压或气动执行机构对离合器的分离和接合、选挡和换挡操纵以及发动机油门开度的调节进行自动控制，实现自动换挡。如图 1－1 所示，AMT 主要由被控制系统、电子控制单元（ECU）、执行机构和传感器四部分组成。

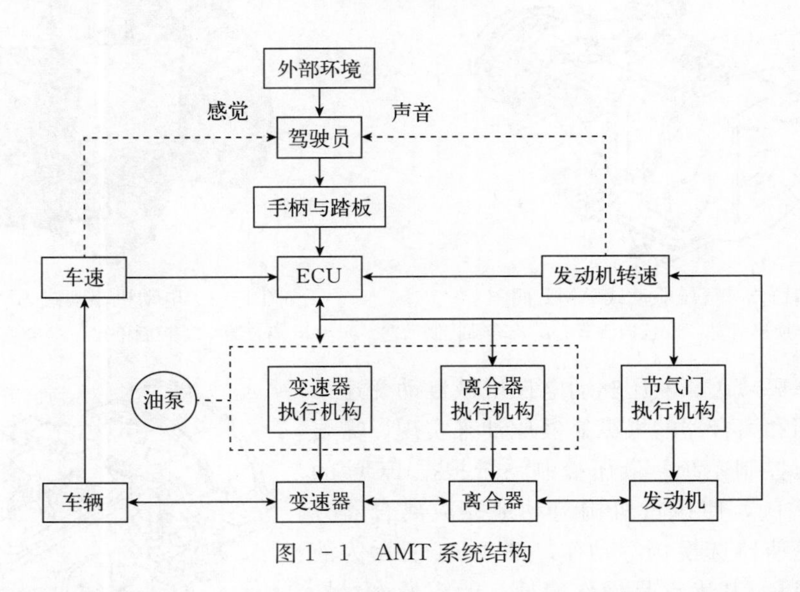

图 1－1　AMT 系统结构

被控制系统包括发动机、离合器、变速器。换挡时，发动机油门开度的调节、离合器的接合和分离、变速器的选换挡机构都需要进行自动控制。

电子控制单元包括各种信号处理单元、微处理器、程序及数据存储器、驱动电路、显示单元、故障自诊断单元及工作电源等。

执行机构包括离合器执行机构、选换挡执行机构及油门开度执行机构。选换挡执行机构用来完成摘挡、选位和换挡操作。油门开度执行机构由步进电机驱动，完成对油门开度踏板位置的跟踪以及换挡过程中发动机转速的调节。离合器执行机构实现离合器的自动分离和平稳接合控制。

传感器用来采集控制参数，如拖拉机运行和作业过程中的速度、油门开度和滑转率等，并将采集到的信号转换成 ECU 能识别的信息，便于 ECU 进行处理，从而对车辆的运行状态做出及时反应以调整车辆行驶状态。

1.1.2 AMT 类型

根据选换挡和离合器操纵方式的不同，可将 AMT 分为气压驱动式、电动机驱动式和液压驱动式三种。

（1）气压驱动式。气压驱动式电控机械式自动变速器中，选换挡和离合器的操纵靠气压来实现。因此，需要有一个气压系统。气压驱动式如图 1-2 所示。重型汽车上多采用气压驱动式。由于气压系统压力波动较大，对选换挡和离合器的精确控制不利。

（2）电动机驱动式。如图 1-3 所示，电动机驱动式电控机械式自动变速器采用直流电机来驱动选换挡机构和离合器位置，属于电驱动方式。其优点是结构简单，能够灵活控制，适应能力强，制造简单，成本低，能耗小；缺点是电动机的执行动作比液压缸慢，而且不精确，在对选换挡速度要求不太高的情况下可以选用电动机驱动式。

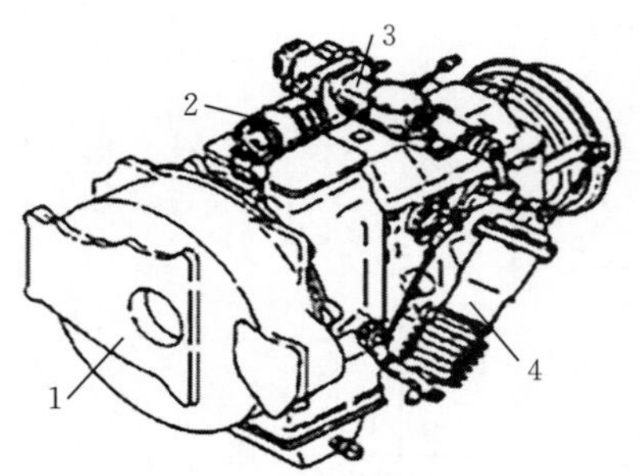

图 1-2 气压驱动式 AMT 简图

1. 离合器 2. 换挡活塞 3. 选挡活塞 4. 离合器控制活塞

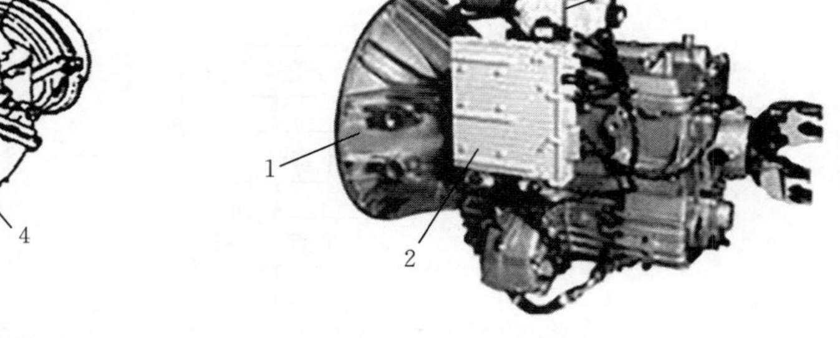

图 1-3 电动机驱动式 AMT 简图

1. 离合器 2. 控制单元 3. 电动机执行机构

（3）液压驱动式。液压驱动电控机械自动变速系统中，选换挡和离合器的操纵靠液压油来实现，需要建立一个液压控制系统。液压控制系统根据 ECU 的指令控制电磁阀，使执行机构自动地完成离合器分离、接合和变速器选换挡等动作。图 1-4 所示为液压驱动式 AMT，其优点是操作简便、能容量大，易于实现安全保护，方便空间布置，具有一定的吸收振动和冲击的能力；缺点是温度变化会使执行机构中液压油黏度发生变化，另外，液压元件对加工精度要求非常高、成本大。

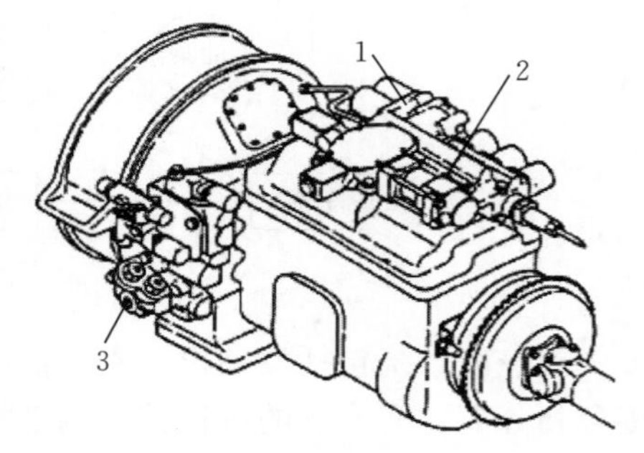

图 1-4 液压驱动式 AMT 简图

1. 选挡油缸 2. 换挡油缸

3. 离合器控制阀组+油缸

由于气体体积可以压缩，会增加换挡时间，但在有气源的车辆上，因不需要增加新的能源设备，会降低成本，气压驱动式比较适合。虽然电动机驱动式具有价格优势，但大量生产比较困难。液压驱动式是目前广泛采用的一种形式，在拖拉机变速器上应用液压驱动式，由于整机液压系统的油泵可以为其提供液压源，所以可以节约成本，具有明显的优势。

1.1.3 液压驱动式的类型和原理

AMT换挡执行机构可分为两种类型：一类是正交式结构，选挡和换挡液压缸在空间的布置相互正交，通过一套联动机构相连，故称X-Y换挡器；另一类是平行式结构，每一根拨叉轴分别通过一个液压缸控制。

1.1.3.1 正交式结构

液压驱动正交式换挡执行机构的原理如图1-5所示。选挡液压缸4和换挡液压缸6在空间呈X-Y布置，共同控制主变速杆，换挡过程由选挡和换挡两部分组成；离合器执行器5控制离合器的分离叉。电磁阀M_{v4}、M_{v5}、M_{v6}与节流阀R_{v1}、R_{v2}、R_{v3}组成离合器的控制阀组，控制离合器执行器5的动作；电磁阀M_{v7}、M_{v8}组成选换挡控制阀组，分别控制换挡液压缸6和选挡液压缸4；离合器和选换挡控制阀组可以分别集成为两个阀块，具有油管少、结构紧凑、质量小、体积小、安装维修方便的优点。由于有选挡动作，换挡时间长于平行式。

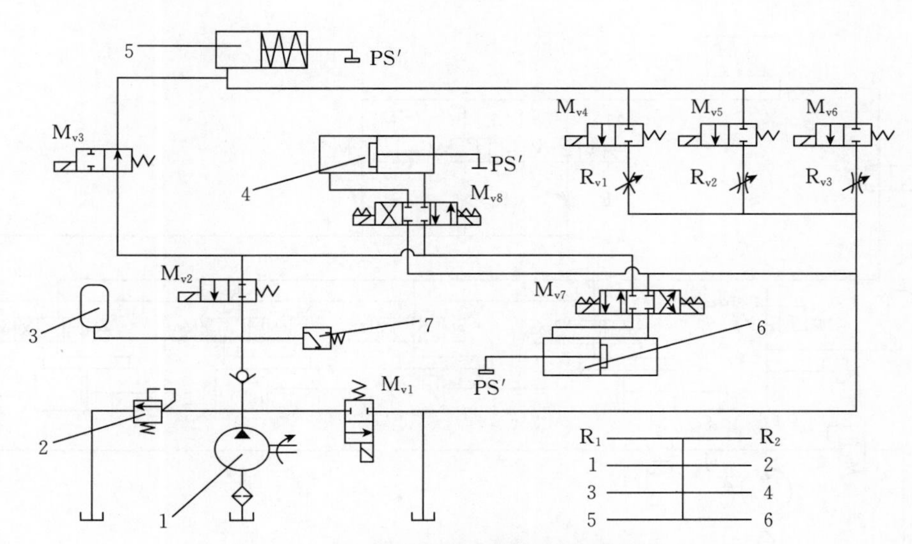

图1-5 X-Y换挡执行机构液压系统原理

1. 液压泵 2. 压力控制阀 3. 蓄能器 4. 选挡液压缸 5. 离合器执行器 6. 换挡液压缸 7. 压力继电器
M_v. 电磁阀 R_v. 节流阀 PS′. 位置传感器

正交式换挡执行机构的换挡过程如图1-6所示，换挡过程有时包含选、换挡两个动作，选、换交互进行。为降低执行机构到中位时的动态不确定度，选、换挡动作之间要有一段稳定延时。

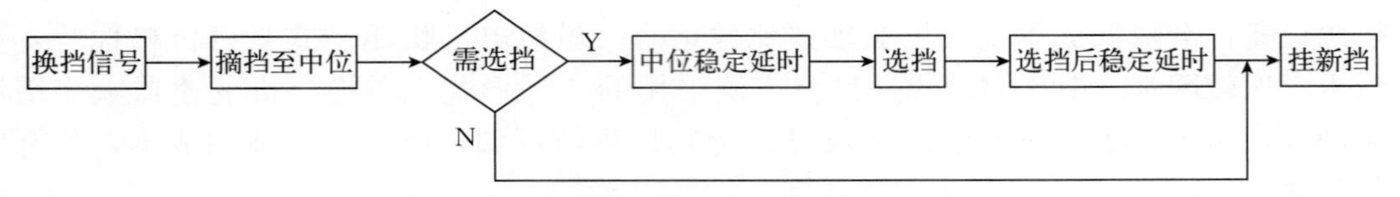

图 1-6　正交式换挡执行机构换挡过程

1.1.3.2　平行式结构

图 1-7 为平行式换挡执行机构液压系统原理，由溢流阀控制系统的压力。液压回路由进油支路和回油支路构成。进油支路从液压泵开始，经 M_{v2} 分成两条支路，一条经 M_{v3} 流向离合器的控制阀组，另一条流向换挡控制阀组，流出的液压油经回油支路返回油箱。M_{v2} 和 M_{v3} 常闭合，在发动机怠速运转时，ECU 控制 M_{v1} 打开，油液经 M_{v1} 流回油箱；当需进行换挡操作时，ECU 控制 M_{v1} 关闭，M_{v2} 和 M_{v3} 打开，一路油液经 M_{v2} 和 M_{v3} 流向离合器，离合器分离，离合器位置传感器 PS′能检测离合器的位置，当离合器彻底分离后，PS′反馈给 ECU 信号，ECU 通过控制 M_{v7}、M_{v8}、M_{v9}、M_{v10} 不同的开关组合，控制液压缸实现挡位的变换；位置传感器 PS′能实时检测换挡液压缸活塞的位置，并反馈给 ECU；当完成换挡后，油液通过回油支路开始回油，当离合器完全接合后，位置传感器 PS′反馈给 ECU 信号，控制 M_{v2}、M_{v3}、M_{v7}、M_{v8}、M_{v9}、M_{v10} 关闭，M_{v1} 打开，液压系统停止工作。

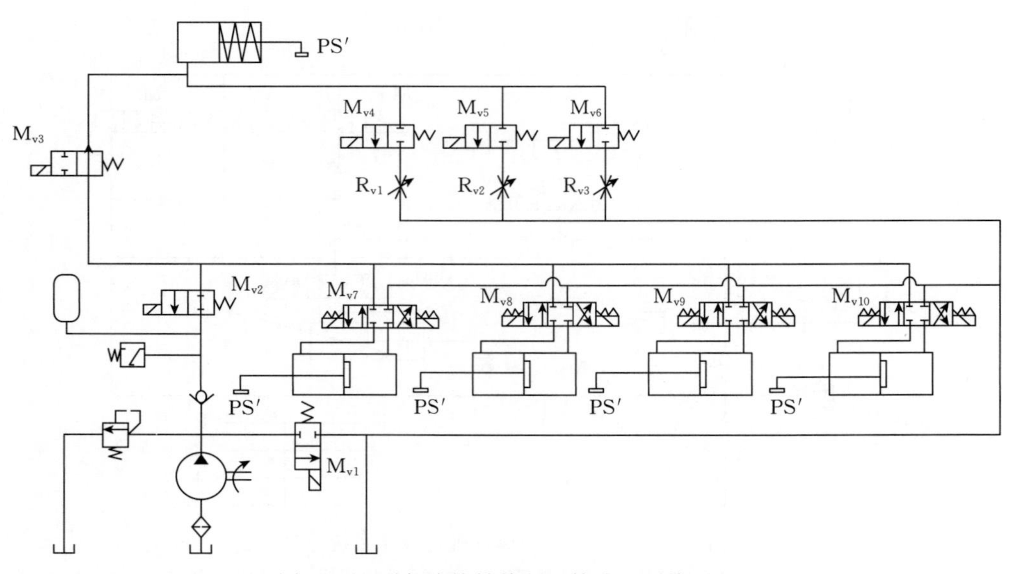

图 1-7　平行式换挡执行机构液压系统原理

平行式布置结构的每个拨叉杆分别由一个换挡油缸来控制，由电磁阀来控制液压缸，无选挡过程，直接进行挂摘挡操作，各挡位的换挡动作相互之间无关联。由于没有选挡过程，换挡执行机构不存在选挡机构和换挡机构的运动学干涉，整个 AMT 执行机构简单紧凑、可靠性高，大大缩短了换挡时间。

平行式换挡机构的换挡过程如图1－8所示，无选挡动作，在选定控制油缸后，即进行换挡。

换挡信号 → 微机选择换挡油缸 → 换挡 → 等待换挡信号

图1－8　平行式换挡过程

1.1.4　电控液动操纵方式在拖拉机 AMT 上的应用分析

1.1.4.1　原变速器结构和基本参数

由于拖拉机使用环境的复杂多样性，经常在田间和道路之间来回转场作业，只有扩大变速器的传动比范围，才能满足拖拉机行驶时对多种速度区间的需求。而且，拖拉机一般采用柴油发动机，柴油发动机的最大转矩集中在低转速范围。随着发动机转速增高，转矩降低，功率得到提高。选择挡位在满足作业要求的前提下，尽可能选择高挡位使发动机的功率得到充分的发挥，以发挥拖拉机的最佳动力性和经济性。为了提高拖拉机的换挡平稳性和工作效率，采用一款多挡位的变速器是较好的选择。

本书以东方红-MG系列轮式拖拉机手动机械式变速器为研究基础，原变速器的机械传动系布置方案如图1－9（a）所示，采用主副变速箱结构，共（10＋2）个挡位。其中，主变速箱前置与离合器相连，为两轴式齿轮变速器，采用三个拨叉轴和三个拨叉带动啮合套移动实现变换挡位，包括5个前进挡齿轮和1个倒挡齿轮；副变速箱后置，与中央差速器及驱动桥相连，采用一套行星齿轮机构，可以实现高低速之间的切换。

从图1－9（a）可以看出，原机械式变速器主变速箱采用两个传动轴，输入轴与离合器相连，输出轴太阳轮与副箱行星机构相连，各挡位高低速级齿轮均处于常啮合状态，其中Ⅰ挡和Ⅱ挡、Ⅲ挡和倒挡、Ⅳ挡和Ⅴ挡分别共用三个换挡拨叉。这种机构使相邻两个传动比的齿轮使用同一个换挡机构，当换挡动作进行时，拨叉带动啮合套从前一个挡位齿轮的接合齿圈脱离，经过空挡才能与下一个挡位齿轮的接合齿圈进行啮合。这样设计是为了缩短手动操纵机构挡杆的行程，保证手动操作时换挡动作的连贯性，减小换挡时间。但是，若AMT沿

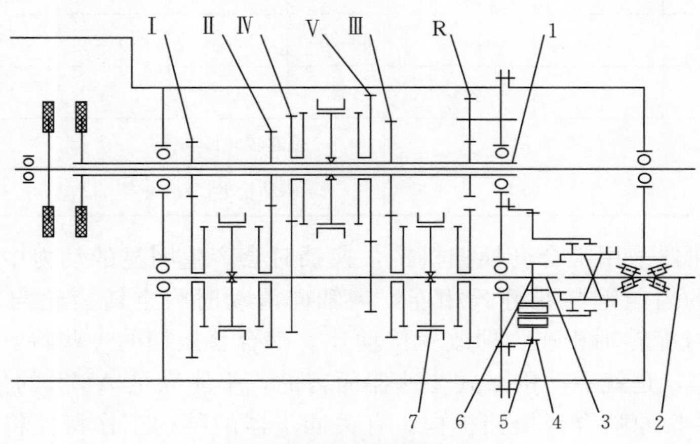

(a) 原手动机械式变速器方案

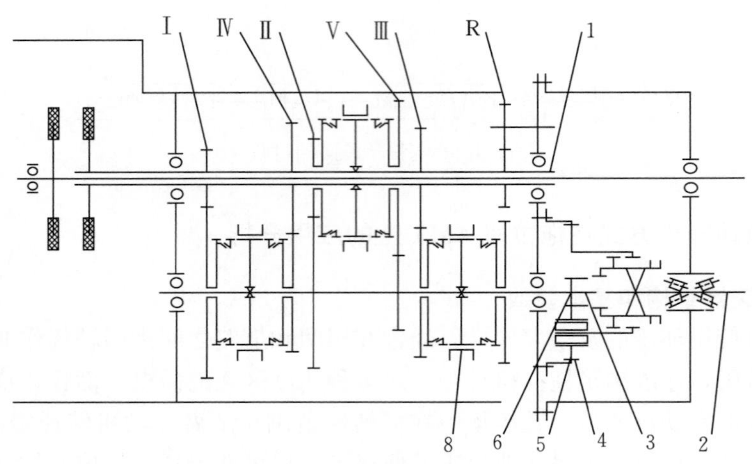

(b) 拖拉机AMT方案

图 1-9 变速器挡位方案

1. 输入轴 2. 副变速箱传动轴 3. 输出轴 4. 行星齿圈 5. 行星轮 6. 太阳轮 7. 啮合套 8. 同步器

用这种机构，由于三个动作是顺序逐个进行的，即使将每个动作的时间缩至最短，依旧很难获得足够快的换挡速度。

东方红-MG 系列轮式拖拉机变速器主要参数见表 1-1。

表 1-1 东方红-MG 拖拉机传动系参数

传动系			主变速					
各挡位传动比			Ⅰ挡	Ⅱ挡	Ⅲ挡	Ⅳ挡	Ⅴ挡	倒挡
			2.44	1.82	1.35	1.0	0.72	1.83
副变速	高速挡	1.0	2.44	1.82	1.35	1.0	0.72	1.83
	低速挡	4.0	9.76	7.28	5.4	4	2.88	7.32
总传动比	高速挡	1.0	51.95	38.75	28.74	21.29	15.33	38.96
	低速挡	4.0	208	155	115	85	61	156
中央传动比	2.73			差速转向传动比		1.418		
最终传动比	5.5			驱动轮半径/m		0.346		

原拖拉机变速器采用啮合套换挡机构，换挡时会产生明显的动力中断，甚至需要停车换挡。啮合套的内花键与花键毂相连，当轴向滑动时将空转齿轮与花键毂锁定在一起，从而将齿轮与旋转轴相连，即改变传动比。啮合套换挡的一些特点，如效率高、成本低、结构简单等，是就手动机械式变速器而言的，不能满足 AMT 的使用要求。因此，采用同步器机构替换原啮合套换挡机构，有关同步器的结构工作特性将在后续章节做详细阐述。

1.1.4.2 拖拉机 AMT 操纵控制方式

常见的 AMT 变速执行机构有电控液动、电控气动和电控电动三种结构形式。图 1-10 为电控液动式 AMT 结构简图，ECU 发出指令给电磁换向阀控制液压油缸的动作，使执行机构自动地完成选、换挡和离合器分离、接合等动作。需要换挡时，电磁阀控制离合器油缸进油，油缸活塞杆的位移使离合器分离，同时换挡油缸活塞杆带动拨叉移动，使同步器接合套移动到待选挡位上，最后回油阀进行脉宽调节，释放离合器油缸内的液压油，使离合器平稳接合。

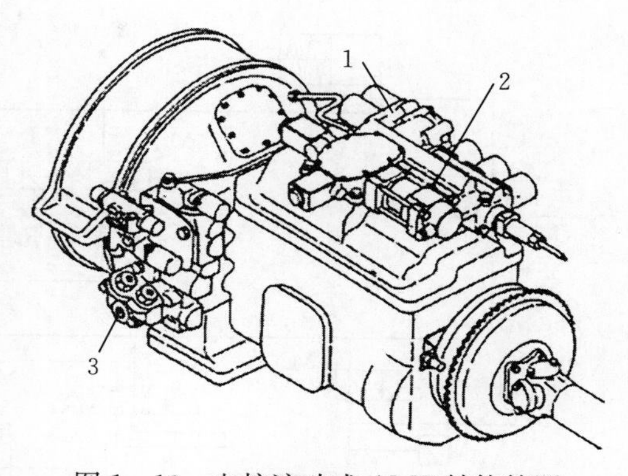

图 1-10 电控液动式 AMT 结构简图

1. 选挡油缸 2. 换挡油缸 3. 离合器控制阀组+油缸

电控气动与电控液动的结构和工作情况基本相同，只是动力源不同，由储气罐给气缸提供高压空气作为动力，比较适合带有气源的车辆。

电控电动式机构将直流电机加装在选、换挡轴和离合器的分离机构上作为动力输出，由 ECU 发出指令自动完成变速器的选换挡和离合器的分离与接合。电机由蓄电池供电，结构简单，但是选换挡动作比较迟滞，也没有液压驱动的动作精准。

由于大功率拖拉机普遍配置有整机液压系统，可以为 AMT 操纵系统提供液压动力源。在拖拉机 AMT 上应用电控液动操纵控制系统，不仅适合拖拉机低速大扭矩工况，还具有较高的响应速度和可靠性。采用车身液压系统为动力源，可以降低成本，具有明显的优势。

电控液压驱动的换挡执行机构的油缸布置有两种类型：一种是正交式结构，选挡和换挡油缸的空间位置在方向上相互正交，通过一套联动机构相连，也称为 X-Y 式；另一种是平行式结构，每一根拨叉轴上均有一个液压油缸控制其直线运动。采用平行式结构的液压系统控制回路原理如图 1-11 所示，每根拨叉轴与单杆复动式液压缸的活塞杆相连，三位四通电磁阀控制液压缸在三个位置间移动，三个位置对应两个速度挡和空挡。整个液压系统的压力为 0～21 MPa，换挡压力可调，调节范围从零到蓄能器的最大压力，油泵和电磁阀控制液压油进出离合器执行机构和换挡执行机构的驱动回路。

1.1.4.3 拖拉机 AMT 自动换挡过程

对于拖拉机 AMT，要获得更快的换挡速度，关键在于在前一个齿轮脱离的瞬间，下一个齿轮就可以完成啮合的动作，而方法是对挡位布置做相应的调整，调整后的拖拉机 AMT 传动系布置方案如图 1-9（b）所示，将Ⅱ挡和Ⅳ挡位置对调，基本不影响变速器的内部空间结构。这样，三个换挡拨叉控制的挡位相互独立，相邻两个挡位齿轮由不同换挡拨叉控制。方案中三个互相独立的拨叉分别控制Ⅰ挡和Ⅳ挡、Ⅱ挡和Ⅴ挡、Ⅲ挡和 R 挡，也就是说，从Ⅰ挡一直到Ⅴ挡和 R 挡，相邻的两个挡位都是由两个独立的拨叉来分别控制的。使用 3 个双作用三位置油缸控制主变速箱的 3 个换挡拨叉轴，每个油缸由两个二位三通电磁阀控制进油和回油，不需要选挡油缸，虽然比正交式（X-Y 式）方案增加了油缸数量，但是

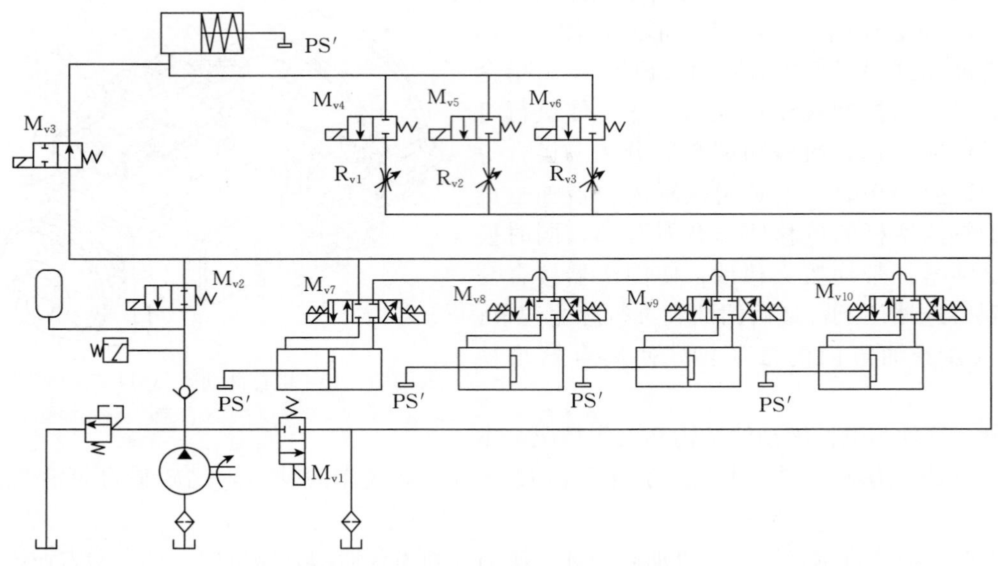

图 1-11　平行式 AMT 液压系统原理

可以实现退挡和挂挡的同步作用及位移的精确控制。

挡位调整后，进一步缩短了换挡时间。当需要换挡时，由 ECU 控制的液压油缸带动换挡拨叉与当前挡位的齿轮脱离时，另一个液压油缸带动的拨叉使待换入挡位齿轮已经开始了啮合，而换挡拨叉的动作同时又激活了电子离合器，使离合器完成从分离到接合的过程。由于三个动作几乎是同步进行的，因此使得整个过程所需时间大大缩短。而整个换挡机构由一套电控液压泵驱动，选定油缸最高的压力 2 MPa 保证了必要的操作速度，6 个液压阀负责控制换挡机构的动作，而电控液压泵则提供动力。

1.1.5　AMT 零件模型建立及装配

拖拉机 AMT 的零件建模主要包括传动轴、各挡齿轮、同步器、衬套、挡圈、密封垫等，以及一些标准件如轴承、螺栓、法兰盘等。根据前面的介绍，参数化设计的关键在于确定参数种类和建立关系，根据零件结构不同，需采用不同的设计方法。

1.1.5.1　齿轮参数化建模

东方红- MG 系列轮式拖拉机变速器齿轮采用的是渐开线变位齿轮，建模的关键在于建立齿轮尺寸参数之间的关系，确定各齿轮的变位系数以及画出渐开线齿廓。需要定义的齿轮基础参数如图 1-12 所示，主要有齿数、模数、压力角、螺旋角、齿宽、齿顶高系数等。参考机械设计手册，将齿轮参数关系输入到软件中，Pro/E 会根据关系式自动绘制出齿轮的渐开线齿廓曲线，由曲线拉伸出齿轮的轮齿，输入齿数作圆周阵列，默认的旋转角度为 360°，根据齿形添加倒角等特征。选择“工具”→“程序”→“编辑器”，输入下面程序：

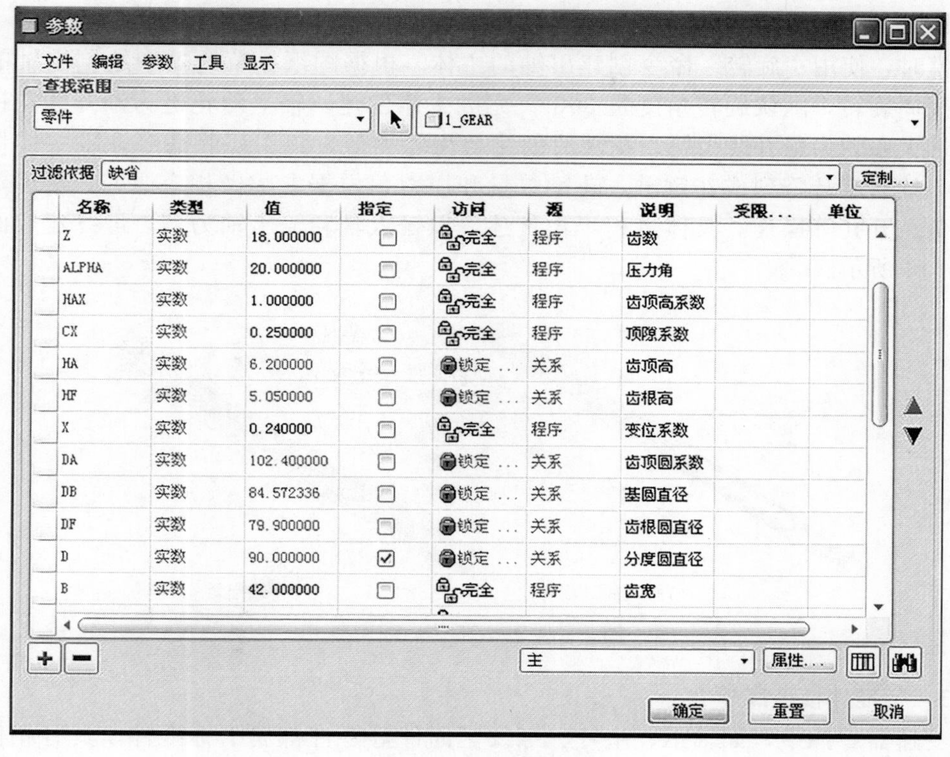

图 1－12 齿轮参数

```
INPUT
    M NUMBER "请输入齿轮的模数 =="
    Z NUMBER "请输入齿轮的齿数 =="
    B NUMBER "请输入齿轮的宽度 =="
    M1 NUMBER "请输入内齿轮的模数 =="
    Z1 NUMBER "请输入内齿轮的齿数 =="
    ALPHA NUMBER "请输入齿轮的压力角度 =="
    HAX NUMBER "请输入齿轮的齿顶高系数 =="
    CX NUMBER "请输入齿轮的齿顶隙系数 =="
    X NUMBER "请输入齿轮的变位系数 =="
END INPUT
```

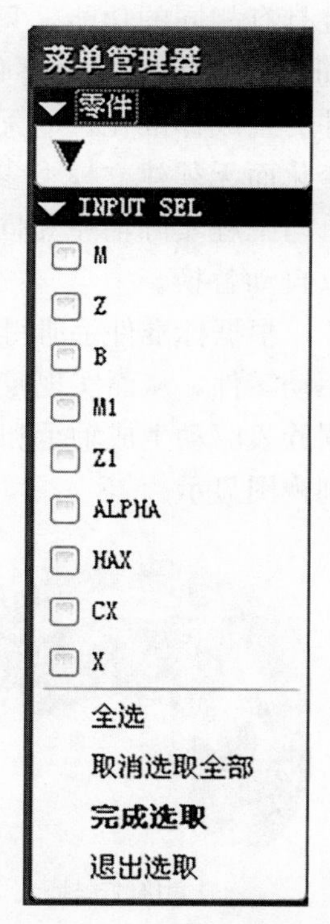

图 1－13 参数输入菜单

程序定义后可便捷地使用 Pro/E 的模型再生功能，弹出如图 1－13 所示的输入菜单，根据菜单提示的选项选择输入相应的数据，确定后即可得到所需尺寸参数的齿轮模型。

1.1.5.2 轴类零件建模

在变速器中，齿轮、同步器等做旋转运动的零件都要与轴固连在一起才能实现动力传递。轴的主体由圆柱或空心圆柱，以及花键齿、倒角、键槽、定位销孔等组成。另外，变速器主箱输出轴还带有太阳轮。

建模时，使用“旋转”命令创建出轴的主体。根据图纸在草绘器中绘制出轴的截面图形并圆周旋转，默认旋转角度是360°，完成主体创建。轴上的花键为渐开线花键，输出轴一端太阳轮为渐开线齿轮。花键的创建与齿轮类似，使用切除命令在轴主体切出单个键槽，然后旋转阵列成花键轴，花键数量和压力角根据参数做相应改变，最后对模型进行倒角、开孔等操作。具体过程不再赘述，以输入轴和输出轴为例，最终建成的模型如图1-14所示。

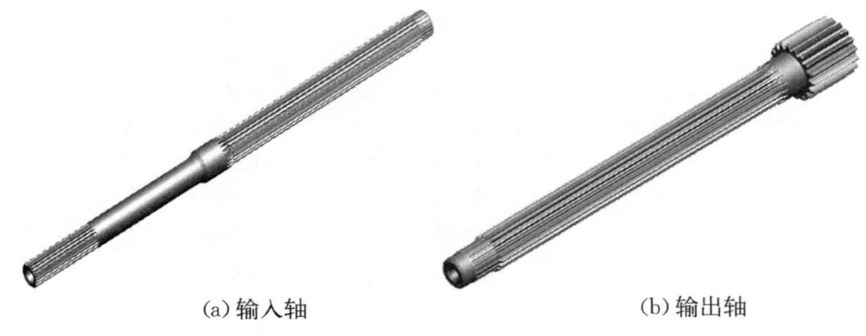

(a) 输入轴　　(b) 输出轴

图1-14　AMT传动轴模型

1.1.5.3　标准件模型库建立

在变速器零件中，如轴承、垫片、螺纹紧固件等零件都属于标准件，具有相似零件且具有相同的功能，只有在外形尺寸上存在不同，Pro/E把这类零件定义为族表（family table)，也称表驱动零件。使用族表可以：①产生和保存大量简单和规则的模型；②使零件的生成标准化；③无须重新建模就可从模型库中生成标准零件；④可对零件添加细微变化而无须建立模型参数关系；⑤产生零件目录并创建零件清单，Pro/E中生成的零件清单与工程实际清单相同；⑥使组件中的零部件可随时更换，使来自相同族的零件之间可以自动替换。

根据标准件手册得到零件的各项参数，只需将模型各参数通过向族表中添加尺寸创建表驱动零件，从而实现零件的生成标准化，对零件产生细小的变化而无须用关系改变模型。根据族表驱动生成轴承和法兰盘的模型实例如图1-15所示，为便于观察，轴承模型采用三维剖视图显示。

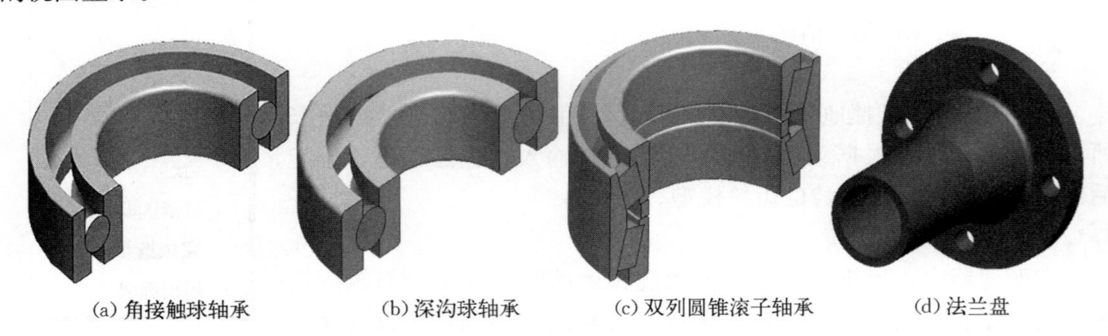

(a) 角接触球轴承　　(b) 深沟球轴承　　(c) 双列圆锥滚子轴承　　(d) 法兰盘

图1-15　标准件模型

1.1.5.4 拖拉机 AMT 虚拟装配

零部件之间的位置关系可用零部件的装配关系来表示。一个大型机构的总装配又可分为多个子装配，因而在创建大型的机构装配模型时可先进行多个子装配，然后再将各个子装配按照它们之间的位置关系进行总装配，最终创建一个大型的零件装配模型。装配完成后，可以在 Pro/E 中显示装配体的剖视图和分解图，或者制作装配工艺规划，帮助了解各个零件之间的位置关系。使用“组件处理计划”来创建一个描述组件装配工艺的绘图，装配步骤使用实际的 Pro/E 组件定义，还可使用特定的分解视图、简化表示以及分配给各个处理步骤的参数和注解对模型进行设计和管理。

Pro/E 提供约束装配和连接装配两种方式，前者使零件之间相对固定，后者引入自由度，使零件之间以一定方式相对运动。零件之间的约束关系是实物样机中零件放置关系在软件环境中的映射，零件装配过程就是给零件模型之间添加各种装配约束关系的过程。Pro/E 提供的约束类型有自动、匹配、对齐、插入、相切、直线上的点、曲面上的点、曲面上的边、固定和缺省。在装配时根据零件的相对运动方向，通过添加“连接”方式，限制除运动方向以外的自由度。

模型要能运动，在装配时就只能部分约束，而不能被完全约束。所谓部分约束，并不是组装不完全，而是根据各组件间的相对运动关系，通过“连接”设定限制组件运动自由度。Pro/E“元件放置”对话框提供的连接方式有刚性、销钉、滑动杆、圆柱、平面、球、焊接、轴承和槽，同时使用 Mechanism/Pro 模块，可以使运动关系拓展到凸轮和齿轮。

本文将设计的变速器零件装配到子组件和组件中，由组件装配为变速器整体，通过添加骨架模型来捕捉并定义设计意图和变速器拓扑结构，将必要的设计信息从一个子系统或组件传递至另一个，修改装配模型中任一零件，与该零件相关的参数都会自动更新，从而保证模型数据实时更新的统一性，实现模型组件的参数化修改。根据零件之间的位置关系，以传动轴单项组件为主体，按顺序逐个将建好的零件添加到轴上。

图 1－16 至图 1－20 所示分别是输入轴总成装配模型、输出轴总成装配模型、行星轴装配模型、变速器传动系总成模型及变速器总装配模型。

图 1－16　输入轴总成装配模型

图 1－17　输出轴总成装配模型

图 1－18　行星轴装配

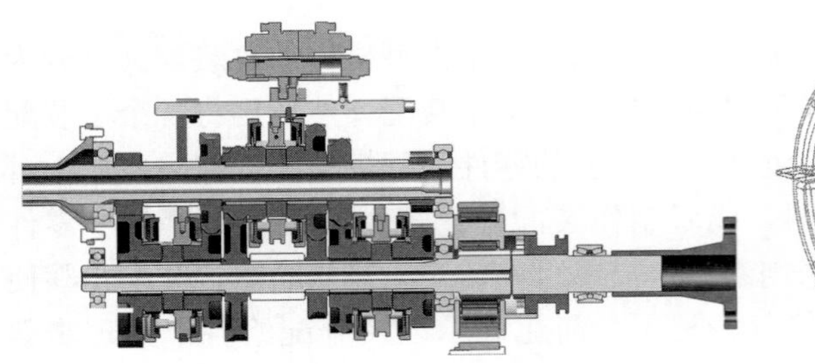

图 1-19　传动系装配剖视图

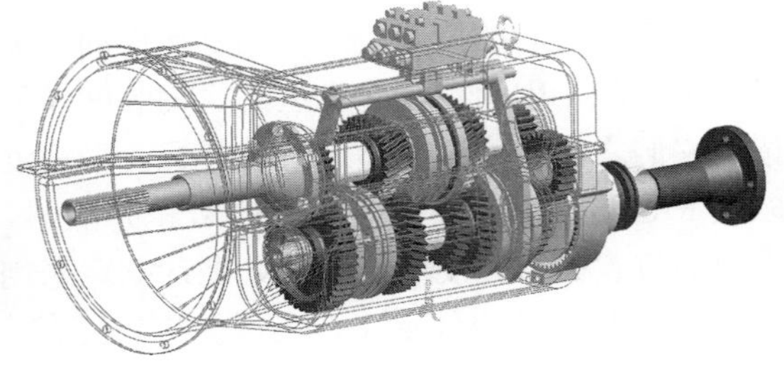

图 1-20　AMT 总装配模型

1.1.5.5　装配干涉检验

在总装配模型下，面对零件数量繁多的模型，靠视觉检查装配是否合理、零件之间是否有干涉已显得不太现实。Pro/E 可提供模型整体和局部的间隙分析和干涉分析，并可以控制用于间隙检测的计算精度。系统的缺省间隙检测方法是在任意点处检测局部最小值。可指定更慢但更精确的间隙检测和距离测量方法，系统将利用该方法基于精确的三角方法计算高质量的第一猜测，细分模型曲面，并检测每个三角形点的局部最小值。

在模型总装配环境下，运行菜单“分析”→“模型”→“全局干涉”项，得到如图 1-21 所示的干涉分析结果。图中文本框分三列显示，前两列表示产生干涉的零件名称，第三列表

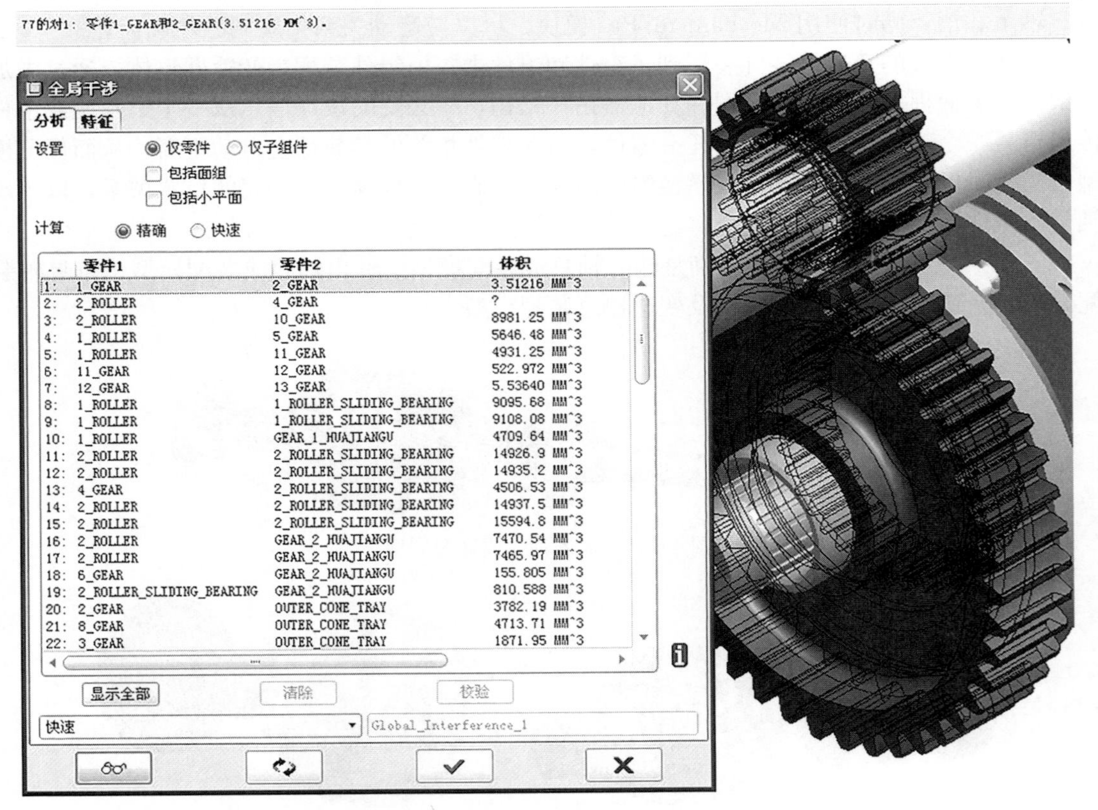

图 1-21　AMT 模型装配干涉分析

示发生干涉的体积量。当选择一组零件时，其所在行的文本框会以深色显示，同时在三维模型中零件发生干涉的位置会加亮显示。由图 1-21 可看出Ⅰ挡主从动齿轮轮齿发生接触干涉，调整齿轮变位系数或转动一个角度后，干涉现象就可消失。通过全局干涉分析可以快速锁定装配发生干涉的位置，分析干涉原因，不考虑合理的接触面公差配合，排除零件设计误差的原因后，模型中多存在零件配合之间的硬干涉，重新调整零件之间的接触关系，设置适当的接近公差余量后拖动零件到正确的位置即可。

1.2 AMT 零件有限元分析

变速器在拖拉机工作过程中要接受来自发动机、车架及地面等复杂工况引起的非对称载荷，其内部零件的局部模态对变速器的稳定性有重要影响。拖拉机 AMT 是在原手动机械式变速器基础上改造而成的，增加了换挡同步器，改变了挡位的布置，调整了轴的结构尺寸。鉴于变速器传动轴轴向尺寸大、径向尺寸小的特点，必须保证其具有良好的动态特性，因此，对高速转动的变速器传动轴进行动力学分析具有实际的工程意义。

本章在对有限单元理论分析的基础上，采用 ANSYS 软件建立传动轴的有限元模型，仿真计算传动轴的固有频率和振型，分析传动轴的动力学特性和临界转速，生成用于柔体动力学仿真的输入轴模态中性文件（modal neutral file，mnf）。

1.2.1 有限单元法的基本思路

有限单元法发展到今天，理论思想已经相当成熟，求解思路概括起来主要有以下四点：

（1）离散。将复杂系统的结构拆分为有限个形状简单的单元，这些单元需要小到可以用简单的数学模型来描述特性参数在其中的分布。

（2）单元分析。特性参数相互联系方程可通过单元分析来完成，具体内容有：建立应变与节点位移分量的方程、应力与节点位移分量的方程、单元节点力与节点位移之间的关系，将外载荷转化成作用在单元中间的节点载荷。

（3）整体分析。借助单元分析结果，将所有单元集中组成整体结构。对整体在确定的边界条件下进行分析，得到的矩阵方程可以表示整体的参数关系。

（4）解方程。利用边界约束条件求解矩阵方程，求解结果可表示各个参数在整体结构中的分布。

1.2.2 离散单元体分析

对轴选用 Solid187 单元进行离散分网，该单元是分析弹性结构空间问题中应用较广的一种元素。采用三维 10 节点四面体实体，具有二次位移，适用于模拟各种不规则网格，计算精度较高。该元素由 10 个节点定义，每个节点 3 个自由度，具有空间的任何方向，具有塑性、超弹性、应力强化、徐变、大变形及大应变能力。

三维 10 节点等参元是指 10 个节点的四面体的等参基本单元［图 1-22（a）］，映射成三维 10 节点的等参实际单元［图 1-22（b）］。可将单元体的形心定义为局部坐标的原点，由于坐标轴的方向与直角坐标的方向是相同的，局部坐标和直角坐标的关系等价为

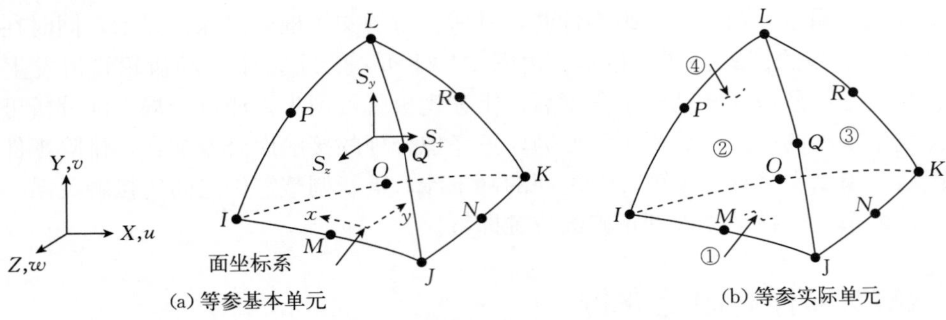

(a) 等参基本单元　　(b) 等参实际单元

图 1-22　三维 10 节点等参元

$$\left.\begin{aligned} s_x &= \frac{1}{a}(x - x_0),\ x_0 = \frac{1}{10}\sum_{i=1}^{10} x_i \\ s_y &= \frac{1}{b}(y - y_0),\ y_0 = \frac{1}{10}\sum_{i=1}^{10} y_i \\ s_z &= \frac{1}{c}(z - z_0),\ z_0 = \frac{1}{10}\sum_{i=1}^{10} z_i \end{aligned}\right\} \tag{1-1}$$

式中：a、b、c 分别表示四面体的边长，相对节点编号为I、J、K、L、M、N、O、P、Q、R。

用节点位移表示任一单元点的位移如下：

$$\left.\begin{aligned} u &= \sum_{i=1}^{10} N_i(s_x,\ s_y,\ s_z)u_i \\ v &= \sum_{i=1}^{10} N_i(s_x,\ s_y,\ s_z)v_i \\ w &= \sum_{i=1}^{10} N_i(s_x,\ s_y,\ s_z)w_i \end{aligned}\right\} \tag{1-2}$$

$$N_i(s_x,\ s_y,\ s_z) = \frac{1}{10}(1 + s_{x_i}s_x)(1 + s_{y_i}s_y)(1 + s_{z_i}s_z),\ i = 1,\ 2,\ 3,\ \cdots,\ 10 \tag{1-3}$$

式中：s_{x_i}、s_{y_i}、s_{z_i} 为节点的局部坐标系；$N_i(s_x,\ s_y,\ s_z)$ 为外形函数。

外形函数矩阵为

$$[N] = \begin{bmatrix} N_1 & 0 & 0 & N_2 & 0 & 0 & \cdots & N_{10} & 0 & 0 \\ 0 & N_1 & 0 & 0 & N_2 & 0 & \cdots & 0 & N_{10} & 0 \\ 0 & 0 & N_1 & 0 & 0 & N_2 & \cdots & 0 & 0 & N_{10} \end{bmatrix} \tag{1-4}$$

坐标变换为

$$\left.\begin{aligned} x &= \sum_{i=1}^{10} N_i(s_x,\ s_y,\ s_z)x_i \\ y &= \sum_{i=1}^{10} N_i(s_x,\ s_y,\ s_z)y_i \\ z &= \sum_{i=1}^{10} N_i(s_x,\ s_y,\ s_z)z_i \end{aligned}\right\} \tag{1-5}$$

式中：x_i、y_i、z_i 分别是 i 节点的坐标在 x、y、z 方向的分量。

应变与位移的表达式为

$$\{\varepsilon\}=\begin{bmatrix}\varepsilon_x\\ \varepsilon_y\\ \varepsilon_z\\ \gamma_{yx}\\ \gamma_{zy}\\ \gamma_{zx}\end{bmatrix}=\begin{bmatrix}\frac{\partial}{\partial x} & 0 & 0 & \frac{\partial}{\partial y} & 0 & \frac{\partial}{\partial z}\\ 0 & \frac{\partial}{\partial y} & 0 & \frac{\partial}{\partial x} & \frac{\partial}{\partial z} & 0\\ 0 & 0 & \frac{\partial}{\partial z} & 0 & \frac{\partial}{\partial y} & \frac{\partial}{\partial x}\end{bmatrix}^{\mathrm{T}}\begin{bmatrix}s_x\\ s_y\\ s_z\end{bmatrix} \tag{1-6}$$

将式（1-3）代入式（1-5）中，简写成

$$\{\varepsilon\}=[B]\{\delta\}^e \tag{1-7}$$

式中：$\{\delta\}^e=[u_1v_1w_1\cdots u_{10}v_{10}w_{10}]^{\mathrm{T}}$ 为单元的节点位移值；$[B]=[B_1B_2\cdots B_{10}]$为几何矩阵，其中：

$$[B_i]=\begin{bmatrix}\frac{\partial N_i}{\partial x} & 0 & 0 & \frac{\partial N_i}{\partial y} & 0 & \frac{\partial N_i}{\partial z}\\ 0 & \frac{\partial N_i}{\partial y} & 0 & \frac{\partial N_i}{\partial x} & \frac{\partial N_i}{\partial z} & 0\\ 0 & 0 & \frac{\partial N_i}{\partial z} & 0 & \frac{\partial N_i}{\partial y} & \frac{\partial N_i}{\partial x}\end{bmatrix}^{\mathrm{T}},\ i=1,\ 2,\ \cdots,\ 10 \tag{1-8}$$

应力与应变之间的关系为

$$\{\sigma\}=[D](\{\varepsilon\}-\{\varepsilon_0\}) \tag{1-9}$$

式中：$\{\sigma\}=[\sigma_x\sigma_y\sigma_z\tau_{xy}\tau_{yz}\tau_{zx}]^{\mathrm{T}}$ 为应力矩阵；$\{\varepsilon_0\}=[\varepsilon_{x0}\varepsilon_{y0}\varepsilon_{z0}\gamma_{xy0}\gamma_{yz0}\gamma_{zx0}]^{\mathrm{T}}$ 为初应变列阵。

式（1-9）中的弹性矩阵可表示为

$$[D]=\begin{bmatrix}D_1 & 0\\ 0 & D_2\end{bmatrix} \tag{1-10}$$

$$[D_1]=\begin{bmatrix}\lambda+2\nu & \lambda & \lambda\\ \lambda & \lambda+2\nu & \lambda\\ \lambda & \lambda & \lambda+2\nu\end{bmatrix}[D_2]=\begin{bmatrix}\nu & 0 & 0\\ 0 & \nu & 0\\ 0 & 0 & \nu\end{bmatrix} \tag{1-11}$$

式中：$\lambda=\frac{E}{(1+\mu)(1-2\mu)}$，$\nu=\frac{E}{2(1+\mu)}$。其中，$E$ 为材料的弹性模量，μ 为材料的泊松比。

单元刚度矩阵的表达式为

$$[k]^e=\int_{V_e}[B]^{\mathrm{T}}[D][B]\mathrm{d}V=\int_{V_e}[B]^{\mathrm{T}}[D][B]|J|\,\mathrm{d}s_x\mathrm{d}s_y\mathrm{d}s_z \tag{1-12}$$

式中：$|J|$ 为三维雅克比行列式；J 为三维的雅克比矩阵，表示总坐标与局部坐标之间的关系。

通过以上分析，可将变速器传动轴模型离散成若干四面体 Solid187 单元，建立联立的应变与节点的位移分量之间的函数方程和联立的应力与节点的位移分量的变量方程，指明单元的节点力与节点的位移变量之间的函数关系。在 ANSYS12.0 软件环境下，通过整体分析，使用平衡条件和连续条件，可将各个离散单元拼合成整体的有限结构。离散过程也就是软件进行网格划分的过程，具体的划分计算过程由 ANSYS12.0 软件在后台完成。

1.2.3 变速器传动轴有限元模态分析

模态分析是动力学研究的基础，采用弹性力学有限元法建立系统的动力学模型，可以确定设计中的结构振动特性，即固有频率和振型等模态参数，其中包括响应位移和响应应力。有限单元法是研究系统模态的一种新方法，以离散单元体为基础，采用电子计算机求解结构静、动态力学特性等问题，近年来在机械结构的动力学分析中得到广泛应用。

借助有限元分析软件 ANSYS12.0 对变速器轴进行模态分析可分为以下几个主要步骤：①建立有限元模型；②设定材料属性；③加载及求解；④扩展模态；⑤结果分析。

1.2.3.1 模态分析基本方程

基于弹性力学建立的通用动力方程是：

$$[M]\{\ddot{u}\}+[C]\{\dot{u}\}+[K]\{u\}=\{F(t)\} \tag{1-13}$$

式中：$[M]$为质量矩阵；$[C]$为阻尼矩阵；$[K]$为刚度系数矩阵；$\{u\}$为位移矢量；$\{\dot{u}\}$为速度列阵；$\{\ddot{u}\}$为加速度列阵；$\{F\}$为力矢量。

在结构静力学分析中，忽略所有的时间相关项，则有动力方程：

$$[K]\{u\}=\{F\} \tag{1-14}$$

对于自由振动并忽略阻尼和外载荷的模型，动力方程为

$$[M]\{\ddot{u}\}+[K]\{u\}=\{0\} \tag{1-15}$$

式中：$[M]$为质量矩阵；$[K]$为刚度系数矩阵；$\{u\}$为位移矢量。

当发生谐振动，即 $u=U\sin(\omega t)$时，方程为

$$([K]-\omega_i^2[M])\{\phi_i\}=0 \tag{1-16}$$

对于一个结构的模态分析，其固有圆周频率 ω_i 和振型 ϕ_i 都能从以上矩阵方程式中得到。这个方程的根 ω_i^2 是特征值；i 的范围是从 1 到自由度的数目，向量$\{u\}_i$ 是特征值向量。特征值的平方根 ω_i 是结构的自然圆频率（rad/s），进而可得出自然频率 $f_i=\omega_i/2\pi$（r/s），特征向量$\{u\}_i$ 表示振型，即假定结构以频率 f_i 振动时的形状。模态提取的只是方程特征值和特征向量。

1.2.3.2 变速器传动轴有限元模型建立

变速器传动轴选用 45 钢，其材料属性为：密度 $\rho=7\,850$ kg/m^3，弹性模量 $E=210\times10^9$ Pa，泊松比 $\mu=0.3$，屈服强度 835 MPa。

由于直接导入 ANSYS 划分网格模型将限制网格精度的划分，因此需要将一些对分析没有帮助的零件特征做简化处理，去轴两端的倒角、轴肩处的圆角和轴孔的凸台等。采用 ANSYS 与 Pro/E 的接口软件，将简化后的轴三维实体模型导入 ANSYS 软件，设定好材料属性。选择 Solid187 单元，调整单元尺寸为 8 mm，采用自由网格划分法对轴进行整体划分。为保证计算精度，可对轴承支持部位进行局部细化网格。经过几次计算后确定了较为合理的网格密度。传动轴划分后的网格属性如表 1-2 所示。

表 1-2 传动轴的网格属性

模型名称	单元类型	节点总数	单元总数
输入轴	Solid187	133 357	73 268
输出轴	Solid187	91 927	51 273

由于模态分析是在零载荷的条件下进行的，因此只需要考虑轴的位移约束。根据实际装配情况，将轴简化为一端固定、一端滑动的简支梁支撑结构，对于输入轴连接离合器端轴自由约束，中间部位轴承支承处径向和水平位移约束为零，轴向自由约束，另一端轴承接触处施加全约束；输出轴输出端轴向自由滑动，径向和水平位移约束为零，另一端轴承接触处施加全约束。网格划分和约束后的传动轴有限元模型如图1-23所示。

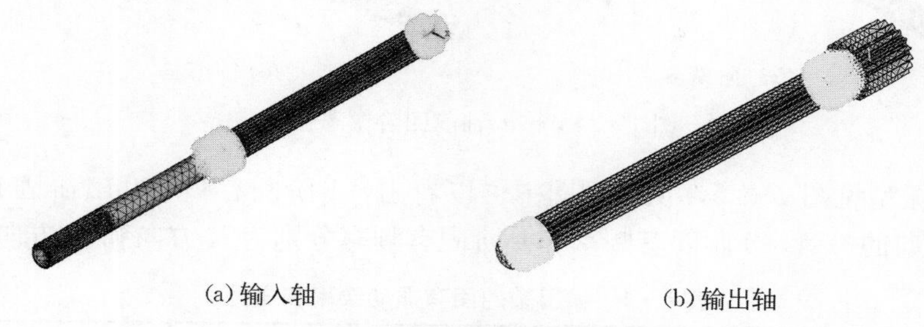

(a) 输入轴　　(b) 输出轴

图1-23　轴的网格和约束模型

1.2.3.3　求解及结果分析

边界条件设置完成后，设定ANSYS的求解类型为模态（modal）分析，模态提取时采用Block Lanczos法。这种方法计算精度高、运算快，适合求解大型对称特征值问题。通常在拖拉机工作时，发动机转速在2 000 r/min以下就属低速区段，低阶频率对振型的影响要远远大于高阶频率，因此对拖拉机变速器传动轴，主要考虑模态频率在200 Hz以内的自然频率，并剔除对变速器工况影响不大的较高频率。根据分析要求，提取了1 000 Hz以下输入轴的前四阶模态振型和2 000 Hz以下输出轴的前四阶模态振型。

经计算，去除过高的模态振型，变速器输入轴的前四阶固有频率和振型见表1-3。固有频率对应的振型见图1-24，从振型图中可以看出，1阶固有频率和4阶固有频率分别为Y方向的一弯，2阶固有频率和3阶固有频率为X方向的一弯。

表1-3　输入轴的固有振动频率和振型

阶次	1	2	3	4
频率/Hz	203.95	204.02	888.44	888.81
振型	Y向一弯	X向一弯	X向一弯	Y向一弯

经计算，去除过高的模态振型，变速器输出轴的前四阶固有频率和振型见表1-4。固

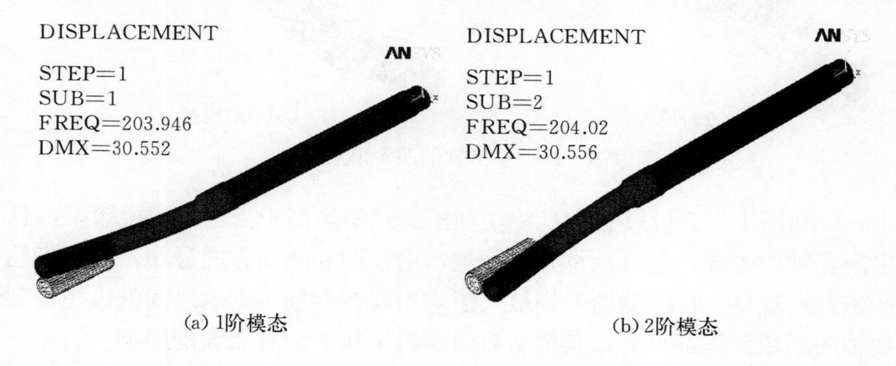

(a) 1阶模态　　(b) 2阶模态

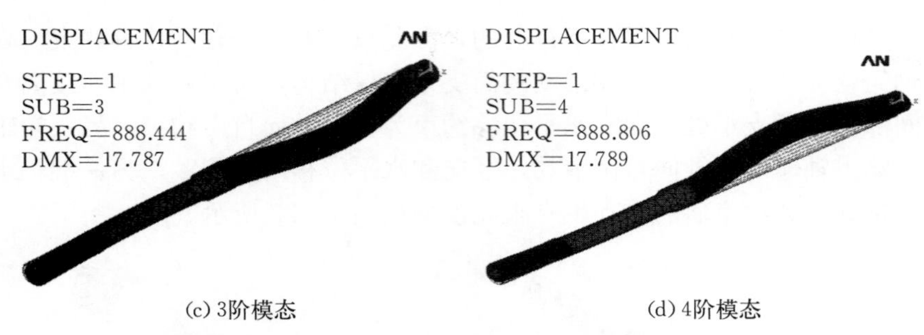

(c) 3阶模态　　(d) 4阶模态

图 1-24　输入轴前四阶模态振型

有频率对应的振型见图 1-25，从振型图中可以看出，1 阶固有频率和 2 阶固有频率分别为 X 方向和 Y 方向的一弯，3 阶固有频率和 4 阶固有频率分别为 X 方向和 Y 方向的二弯。

表 1-4　输出轴的固有振动频率和振型

阶次	1	2	3	4
频率/Hz	750.91	751.1	1 987	1 987
振型	X 向一弯	Y 向一弯	X 向二弯	Y 向二弯

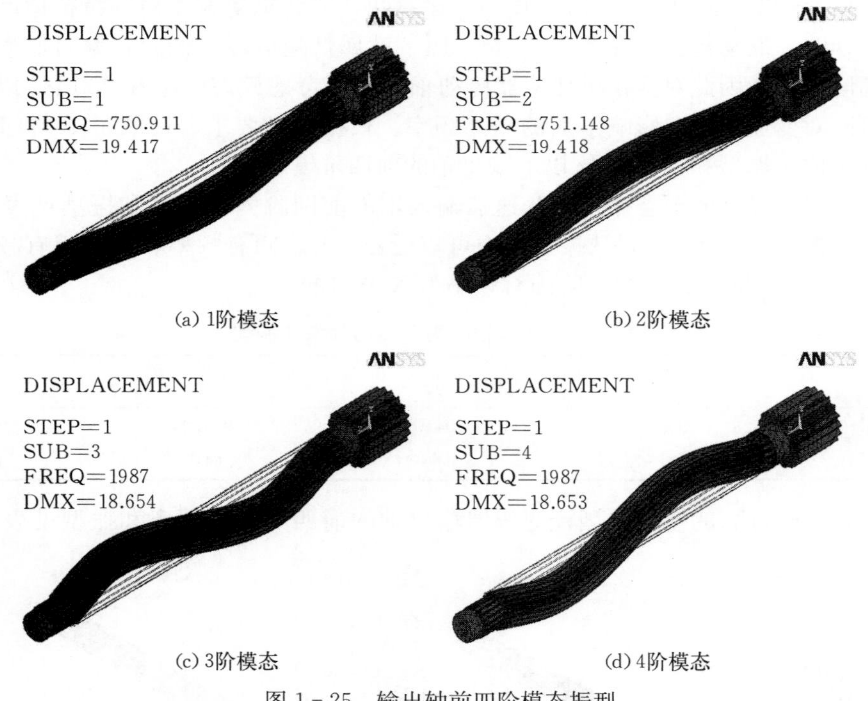

(a) 1阶模态　　(b) 2阶模态

(c) 3阶模态　　(d) 4阶模态

图 1-25　输出轴前四阶模态振型

由图 1-24 和图 1-25 可以看出，传动轴模态频率均高于齿轮的激振频率，且较高的模态频率均出现在轴的中部，远离轴承支承部位，沿径向和圆周方向分布，说明齿轮和传动轴之间不会产生共振现象。传动轴的振幅最大值均出现在两轴承支承之间的齿轮安装部位，然而由于传动轴的起始频率都很高，其振型对变速器工作不会有太大的影响。

1.2.4 变速器传动轴临界转速分析

变速器轴转动时，如图1-26所示，在某一微小单元段上的离心力为$m_1 y\omega^2 \mathrm{d}x$（$m_1$为单位轴长度的质量，$y$为该单元段处的挠度），将离心力作为均布载荷$q$，根据材料力学的有关知识可知：

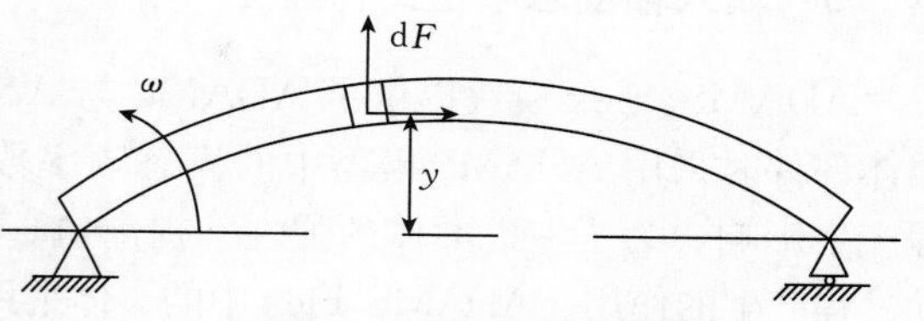

图1-26 轴单元体受力示意

$$\frac{\mathrm{d}^2}{\mathrm{d}x^2}\left(EJ\frac{\mathrm{d}^2 y}{\mathrm{d}x^2}\right)=q=m_1\omega^2 y \tag{1-17}$$

对于截面相同的均质轴，EJ为常数，进而可得

$$\frac{\mathrm{d}^4 y}{\mathrm{d}x^4}=\frac{m_1\omega^2}{EJ}y=a^4 y \tag{1-18}$$

式中，$a^4=m_1\omega^2/EJ$。

式（1-18）的解有两类：①$y=0$时，在任何转速下挠度都不存在；②在某个特定转速时，挠度可以是任意值，但各单元的挠度有一定的比例关系。可以将这个特定转速看作临界转速，从而计算出轴的临界转速值为

$$\omega_c=a^2\sqrt{\frac{EJ}{m_1}}=\frac{al^2}{l^2}\sqrt{\frac{EJg}{A\gamma}} \tag{1-19}$$

式中：$al=\pi$，2π，3π，…；A为轴横截面面积；γ为材料密度。

若轴一直以临界转速值旋转，其挠度将经常处于极限状态，也就是变形最大值。当轴在临界状态下工作时，会沿挠度变形方向做强烈振动，其寿命会迅速下降，甚至导致断裂。

可将轴近似看作一根等截面简支梁，尽管其物理模态不同，但其截面方向振动的固有频率和轴旋转运动下的临界转速值是相同的。但是在结构上，变速器轴与理想的等截面简支梁在有限元分析模式下还是需要做一些典型区分。如果将变速器轴近似为等截面简支梁进行计算，会使得算出的临界转速偏高。

变速器传动轴的转速和频率的关系为

$$n=60\times f \tag{1-20}$$

式中：n为转速（r/min）；f为频率（Hz），即每秒振动的次数。

表1-5中数据是将传动轴的固有频率转化为临界转速。输入轴的转速范围为1 300～2 400 r/min，参照表1-1中的变速器的传动比，计算得输出轴的工作转速范围为532～3 333 r/min。与表1-5中转速值对比可以看出，输入轴和输出轴的工作转速均大大低于临界转速。

表1-5 传动轴的临界转速

阶次	输入轴		输出轴	
	频率/Hz	临界转速/(r/min)	频率/Hz	临界转速/(r/min)
1	203.95	12 237	750.91	45 055
2	204.02	12 241	751.1	45 066
3	888.44	53 306	1 987	119 220
4	888.8	53 328	1 987	119 220

1.2.5 输入轴模态中性文件建立

ADAMS/Flex 模块提供了 ADAMS 与 ANSYS 软件的双向数据交换接口，允许在创建柔体部件时采用 ADAMS 模型中的模态频率数据。而柔体部件势必会对机构系统的工作过程产生影响，为了考虑柔体的弹性并提高仿真精度，将在 ADAMS 模型中考虑柔体部件对运动过程产生的作用。ADAMS/Flex 中的柔体采用模态中性文件（.mnf）来描述，利用 ANSYS 软件就可以方便快捷地获取 ADAMS/Flex 所需要的模态中性文件。

利用 ANSYS 生成模态中性文件的步骤如下：

（1）设置单位，保证 ANSYS 与 ADAMS 单位属性一致。选择用户自定义单位，在 ANSYS 命令流输入如下的命令"/UNITS，UESR，1 000，0.001，1，1"，其中数字依次表示长度、质量、时间和力的单位转化系数。

（2）在需要和模型其他元件连接的地方建立界面点（interface nodes）。调出前面生成的输入轴有限元网格模型，分别在与离合器从动盘连接的花键处，两端轴承和齿轮安装位置创建关键点，并定义为质量单元 mass21，对这些关键点进行网格划分，使其成为界面点。

（3）建立界面点选择集，用刚性区域处理界面点及其周围节点。为保证转化时刚体属性能完全转移到柔体上，选择的界面点位置要尽可能精确。

（4）运行 ANSYS 宏命令，生成输入轴模态中性文件。

生成的输入轴模态中性文件如图 1-27 所示，它包含柔体分析所需要的全部信息，如节点质量和惯量、模态质量和模态刚度。

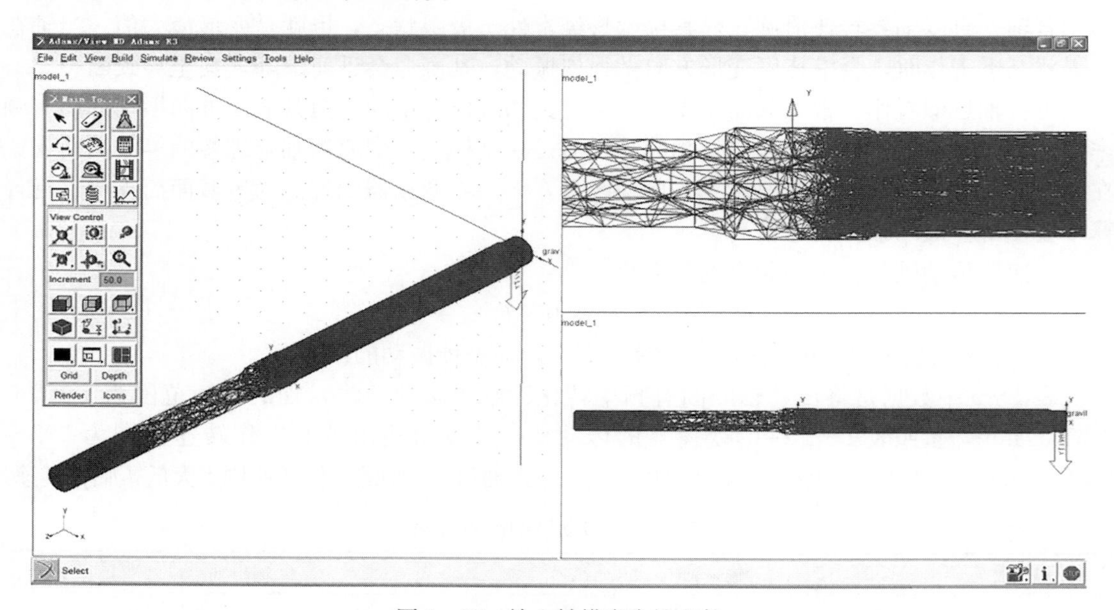

图 1-27 输入轴模态中性文件

输入轴模态中性文件包含输入轴在 ADAMS/Flex 中所有的模态集，计算结果共有 18 阶模态。其中前 6 阶是刚体模态，频率接近零，在 ADAMS/Flex 中默认是失效模态，后 6 阶属于高频模态，对输入轴作用不大。本节仅提取出对输入轴振型有影响的中间 6 阶自由模态，图1-28列出了输入轴在ADAMS中的6组模态振型，其中的7阶和8阶模态有一个方向的自由弯曲振型，9～12阶模态有两个方向的自由弯曲振型。

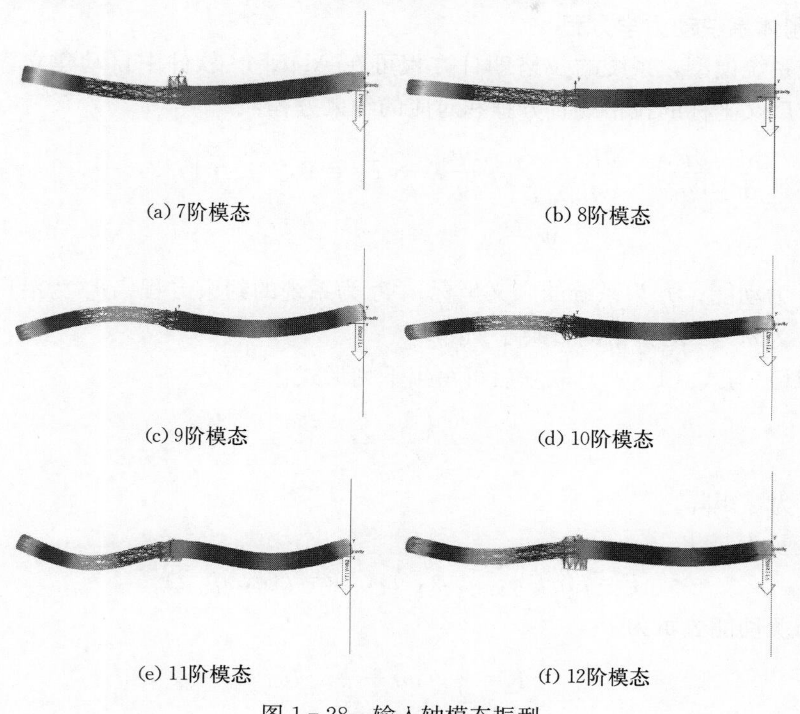

(a) 7阶模态　(b) 8阶模态

(c) 9阶模态　(d) 10阶模态

(e) 11阶模态　(f) 12阶模态

图1-28　输入轴模态振型

1.3 AMT动力学分析

变速器传动系统是由多个齿轮组、传动轴及其他零件精确装配而成的机械系统。对变速器进行多体动力学仿真研究，可以在设计初级阶段了解该传动系统的动力学性能，仿真计算可以获得诸如齿轮啮合力、啮合频率、支承载荷、位移响应曲线等数据，用以作为研究系统运动状况和力学性能的评价指标，也可以作为零部件有限元分析的边界条件。

本节主要介绍多体系统动力学的理论基础和求解方法，应用多体动力学仿真软件ADAMS，建立拖拉机变速器多刚体动力学和刚柔耦合动力学仿真模型，仿真分析变速器的传动特性。

1.3.1　多体系统动力学理论基础

多体系统动力学的核心问题是建模和求解问题，根本目的是应用软件模拟技术进行复杂机械系统的动力学仿真与分析。一般将其研究的多体系统，依据系统中构件的力学特性划分为多刚体系统、多柔体系统和刚柔耦合的多体系统。多刚体系统是指可以忽略系统中构件的弹性变形而将其当作刚体来处理的系统。多柔体系统是指系统在运动过程中会出现构件的大范围运动与构件的弹性变形的耦合，从而必须将构件当作柔体处理的系统，通常认为轻质、高速运动的机械系统是柔体系统。如果机械系统中有部分构件必须当作刚体来处理，而另一部分构件必须作为柔体处理，该系统就是刚柔耦合的多体系统。

1.3.1.1 多刚体系统动力学方程

参考机械系统模型，系统的拉格朗日方程可在 ADAMS 软件中自动建立，对每个刚体模型列出 6 个广义坐标的拉格朗日方程和对应的约束方程：

$$\frac{\mathrm{d}}{\mathrm{d}t}\left(\frac{\partial K}{\partial \dot{q}_j}\right)-\frac{\partial K}{\partial q_j}+\sum_{i=1}^{n}\frac{\partial \Psi_i}{\partial q_j}\boldsymbol{\lambda}_i-F_j=0,\quad j=1,2,\cdots,6 \tag{1-21}$$

$$\Psi_i=0,\quad i=1,2,\cdots,m \tag{1-22}$$

式中：K 为动能；q_j 为系统的广义坐标；Ψ_i 为系统的约束方程；F_j 为沿广义坐标方向的广义力；$\boldsymbol{\lambda}_i$ 为 $m\times1$ 的拉格朗日乘子列阵。

式（1-21）与式（1-22）联立后可写出下列形式：

$$\begin{Bmatrix} F \\ \Psi \end{Bmatrix}=\boldsymbol{O} \tag{1-23}$$

式中：$\boldsymbol{O}$ 为零矩阵。

广义力表示为

$$F=f(\ddot{q},\dot{q},q,\lambda,t),\ \Psi=f(\ddot{q},\dot{q},t) \tag{1-24}$$

其中，系统动能表示为

$$K=\frac{1}{2}\dot{r}^{\mathrm{T}}m\dot{r}+\frac{1}{2}\dot{u}^{\mathrm{T}}I\dot{u} \tag{1-25}$$

将式（1-24）和式（1-25）代入式（1-23），可得其矩阵形式为

$$\boldsymbol{M}\ddot{\boldsymbol{x}}+\boldsymbol{\Psi}_x^{\mathrm{T}}\lambda=\boldsymbol{Q} \tag{1-26}$$

式中：$\ddot{\boldsymbol{x}}=[\ddot{x}_1,\ddot{x}_2,\cdots,\ddot{x}_n]^{\mathrm{T}}$；$\boldsymbol{\Psi}=[\Psi_{x1},\Psi_{x2},\cdots,\Psi_{xn}]$；$\boldsymbol{M}$ 和 $\boldsymbol{Q}$ 分别是系统的 6×6 广义对角质量矩阵和 6×1 广义列阵。

$\boldsymbol{M}$ 和 $\boldsymbol{Q}$ 可分别表示为

$$\boldsymbol{M}=\mathrm{diag}[M_1,M_2,\cdots,M_n],\ \boldsymbol{Q}=\mathrm{diag}[Q_1^{\mathrm{T}},Q_2^{\mathrm{T}},\cdots,Q_n^{\mathrm{T}}] \tag{1-27}$$

ADAMS/Solver 采用将二阶微分方程降阶为一阶微分方程的方法来求解上述代数-微分方程，即将所有拉格朗日方程转换成一阶微分方程形式，并引入变量 $u=\partial q/\partial t$ 得

$$\begin{Bmatrix} F \\ \dot{q}-u \\ \Psi \end{Bmatrix}=O \tag{1-28}$$

式中：$F=f(\dot{u},u,q,\lambda,t)$。

综合以上形式，ADAMS 中表示多刚体系统的刚体动力方程有以下两种类型。

（1）用力和刚体加速度表示 6 个一阶动力学方程：

$$\frac{\mathrm{d}}{\mathrm{d}t}\left(\frac{\partial K}{\partial \dot{q}_j}\right)-\frac{\partial K}{\partial q_j}+\sum_{i=1}^{n}\frac{\partial \Psi_i}{\partial q_j}\lambda_j-F_j=0,\quad j=1,2,\cdots,6 \tag{1-29}$$

式中：$q=(x,y,z,\boldsymbol{\Psi},\theta,\varphi)^{\mathrm{T}}$。

（2）用位移和速度的关系表示 6 个一阶运动学方程：

$$\left.\begin{array}{l}\dot{x}-V_x=0,\quad \dot{\Psi}-\omega_{\Psi}=0\\ \dot{y}-V_y=0,\quad \dot{\theta}-\omega_{\theta}=0\\ \dot{z}-V_z=0,\quad \dot{\varphi}-\omega_{\varphi}=0\end{array}\right\}\tag{1-30}$$

系统的约束方程为

$$\varphi(\dot{q},\ q,\ t)=0\tag{1-31}$$

系统的外力方程为

$$F(\dot{u},\ u,\ q,\ f,\ t)=0\tag{1-32}$$

式（1-32）在ADAMS中的代数-微分方程表示为

$$\mathrm{DIFF}(\dot{u},\ u,\ q,\ f,\ t)=0\tag{1-33}$$

式中：q为笛卡尔广义坐标；u为微分后的广义坐标；f为作用于刚体的主动力；t为响应时间。

令$\boldsymbol{y}=[q,\ u]^{\mathrm{T}}$为状态向量，则系统方程表示为

$$G(y,\ \dot{y},\ t)=0\tag{1-34}$$

1.3.1.2 多柔体系统动力学方程

与刚体不同，柔体是变形体，柔体内各点的相对位置的改变时刻都在发生，因而引入弹性坐标来描述柔体上各点位置的变化和相对动坐标系统的变形。柔体系统坐标系如图1-29所示，包括惯性坐标系e^r和动坐标系e^b。对于柔体B上任一点P，位置向量为

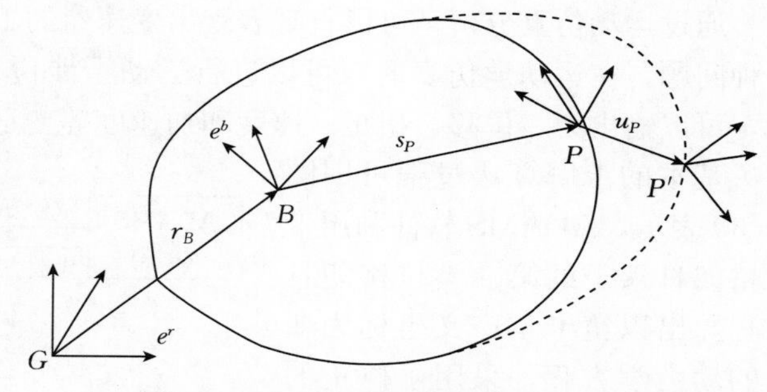

图1-29 柔体变形模型及节点P坐标

$$\boldsymbol{r}=\boldsymbol{r}_0+\boldsymbol{A}(\boldsymbol{s}_P+\boldsymbol{u}_P)\tag{1-35}$$

式中：$\boldsymbol{r}$为P点在惯性坐标系中的向量；$\boldsymbol{r}_0$为动坐标系原点在惯性坐标系中的向量；$\boldsymbol{A}$为方向余弦矩阵；$\boldsymbol{s}_P$为柔体未变形时P点在动坐标系中的向量；$\boldsymbol{u}_P$为相对变形向量。

对于节点P，采用模态坐标表示单元变形为

$$\boldsymbol{u}_P=\boldsymbol{\Phi}_P q\tag{1-36}$$

式中：$\boldsymbol{\Phi}_P$为点P满足$3\times M$向量要求的假设变形模态矩阵；q为变形的广义位置坐标。

考虑节点P的变形前后的位置、方向和模态，柔体的广义位置坐标可以表示为

$$\xi=[xyz\psi\theta\phi q_i]^{\mathrm{T}}=[r\psi q]^{\mathrm{T}},\ i=1,\ \cdots,\ M\tag{1-37}$$

由动坐标系可以得到柔体的动能和势能的广义表达式为

$$T=\frac{1}{2}\dot{\xi}^{\mathrm{T}}M(\xi)\dot{\xi}\tag{1-38}$$

$$W=W_g(\xi)+\frac{1}{2}\xi^{\mathrm{T}}K\xi\tag{1-39}$$

式中：$\boldsymbol{M}(\xi)$为3×3质量矩阵；$\boldsymbol{K}$为对应模态坐标q的构件广义刚度矩阵。

由拉格朗日方程推导出的柔体运动微分方程为

$$F=\boldsymbol{M}\ddot{\xi}+\dot{\boldsymbol{M}}\dot{\xi}-\frac{1}{2}\left[\frac{\partial M}{\partial\xi}\dot{\xi}\right]^{\mathrm{T}}\dot{\xi}+K\xi+\boldsymbol{f}_g+\boldsymbol{D}\dot{\xi}+\left[\frac{\partial\Psi}{\partial\xi}\dot{\xi}\right]^{\mathrm{T}}\lambda\tag{1-40}$$

式中：F 为投影到 ξ 上的广义力；$\boldsymbol{M}$、$\dot{\boldsymbol{M}}$ 为柔体的质量矩阵及其对时间的导数；ξ、$\dot{\xi}$、$\ddot{\xi}$ 为柔体的广义坐标及其对时间的导数；$\boldsymbol{f}_g$ 为重力矢量矩阵；$\boldsymbol{D}$ 为阻尼系数矩阵；λ 为对应约束方程的拉氏乘子。

1.3.1.3 ADAMS 软件功能实现

(1) 软件的分析功能。多体系统动力学软件（automatic dynamic analysis of mechanical，ADAMS），也就是机械系统动力学仿真分析。该软件基于多刚体动力学和多柔体动力学理论，在 ADAMS/View 中设置求解类型，再由 ADAMS/Solver 完成以下 4 种类型的仿真分析：

① 动力学分析（dynamic）：分析针对自由度不为零的模型系统。

② 运动学分析（kinematic）：分析针对自由度为零的模型系统。

③ 静态分析（static）：采用力平衡条件，求解机构在平衡状态下各种作用力的静态分析。

④ 装配分析（assemble）：用于发现并修正进行装配和操作过程中的错误连接及不合适的初始条件。

通过运动仿真分析，可以直观表现出变速器的工作过程，使设计人员更容易发现和解决各种问题，在运动学仿真时，可以进行运动干涉检查、运动轨迹验证等研究；动力学仿真时，可以输出力、位移、扭矩、速度和加速度等变量的曲线。

基本的求解算法过程可用图 1-30 表示，ADAMS 软件利用带拉格朗日乘子的第一类拉格朗日方程导出以笛卡尔广义坐标为变量的动力学方程，采用了修正的 Nowton-Raphson 迭代算法（简称 N-R 迭代法）求解非线性代数方程，以高斯消元法求解微分方程。计算时，软件会根据不同的机械系统特性选择不同的积分格式求解。

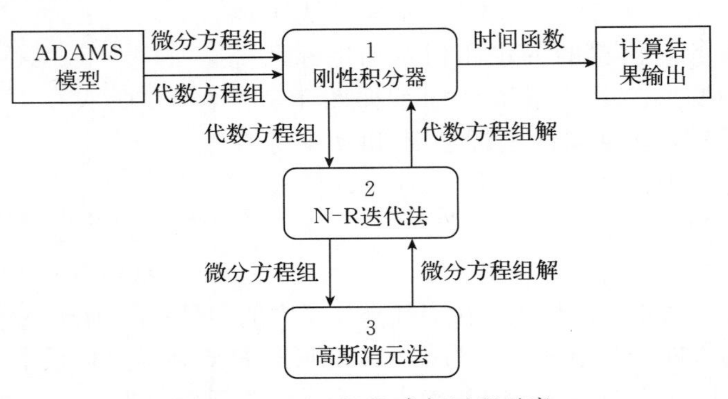

图 1-30　ADAMS 求解过程示意

(2) 软件的建模功能。ADAMS 只能构建外形简单、规则的几何模型，对于变速器这种大型复杂的机械系统，可以选择专业的 CAD 三维建模软件预先建立好变速器的实体模型，再转换为 ADAMS/View 支持的文件格式。但是，这种二次转换导入的过程容易丢失模型的质量、惯性矩、几何元素和质心位置等属性信息。为此，MSC 公司和美国 PTC 公司联合开发了用于 ADAMS 与 Pro/E 的接口软件 Mechanism/Pro，使 ADAMS 与 Pro/E 实现真正意义上的无缝连接，在 Pro/E 模型创建完成后，不必退出 Pro/E 软件环境，就可以将装配的模型组件根据其运动关系添加连接属性，将模型转化为刚体系统，进行干涉检查及计算运动副的作用力，根据研究目标进行各种仿真分析。

在转换过程中，要保证 Pro/E 与 ADAMS 的单位统一，同时减少实体模型中组件的数量，以保证转换过程中不出现模型失真。将模型中各个构件定义为刚体（rigid part），并添加各种约束、力和扭矩等，选择确定命令后，可将数据传送到 ADAMS 中，进行全面的运

动学和动力学分析。

1.3.2 变速器模型运行参数

准确建立变速器多体动力学模型是进行变速器工作过程仿真与研究的前提和基础。变速器动力学仿真主要包括建立系统模型、确定工况和内外部激励、施加载荷和约束等几方面。为了保证分析结果的精确性和可靠性，必须尽可能保证系统模型本身、外载和约束与变速器的实际工况环境相一致。本节以变速器在Ⅱ挡工作时的工况为例，仿真时采用多刚体动力学的相关理论作为理论基础。

1.3.2.1 变速器拓扑结构

变速器在Ⅱ挡工作时，其接合路线为：发动机通过离合器将动力传递给输入轴，输入轴Ⅱ挡齿轮通过同步器与输入轴连接，输入轴Ⅱ挡齿轮与输出轴Ⅱ挡齿轮啮合，输出轴Ⅱ挡齿轮与输出轴固连在一起，输出轴将动力输出给变速器副箱传动轴。传动系的连接方式如下：

（1）*传动轴*。输入轴输入端的外花键与离合器从动盘的内花键相连，输出轴输出端大齿轮与副箱行星机构行星齿轮啮合，输入轴和输出轴各使用两个球轴承固定在变速箱体上，一端采用轴肩和端盖作轴向定位支承，一端采用滑动支承。

（2）*齿轮和传动轴*。传动轴上靠同步器同步的齿轮均借助衬套空套在轴上可以绕轴自由转动，其余齿轮通过内花键与轴的外花键相连。所有齿轮轴向不能滑动。

（3）*齿轮副*。根据挡位顺序布置各挡位齿轮的位置，可得到不同传动比的齿轮副，从而建立各挡位的动力学仿真模型。

由于在 Pro/E 中已经对变速器各零件定义了密度、材料等属性，因此这些信息在导入 ADAMS 时仍会保留，并自动计算出各零件的转动惯量、质心等参数。

1.3.2.2 系统外载确定

拖拉机行驶过程中，变速器主要接受来自发动机的驱动力矩和来自中央差速器的行驶阻力矩，将其作为变速器虚拟样机模型的输入转矩和阻力转矩。在实际工作中，驱动力矩和阻力矩会随着工况的复杂变化和挡位的交替选择而发生随机性改变。因此，可将变速器的每个挡位视为一个特定工况，此时的驱动力矩和阻力矩就是该工况下的变速器所受的外载荷。

本文中东方红-MG 系列轮式拖拉机所选用发动机的最大转矩为 510 N·m，最大转矩时的转速为 1 500 r/min，此时输入轴转速为 1 500 r/min，Ⅱ挡的传动比 $i_2=1.82$，Ⅱ挡时输出轴理论转速为 824.2 r/min，Ⅰ挡的传动比 $i_1=2.44$，Ⅰ挡时输出轴理论转速为 614.8 r/min。

变速器的驱动力矩即发动机的输出转矩。行驶阻力矩在数值上等于输入转矩经齿轮系减速增扭后的变速器输出转矩，阻力矩的方向在前进挡时与驱动力矩反向，倒挡时与驱动力矩同向。考虑传动效率时的阻力矩的计算公式可以表示为

$$T_{\mathrm{d}}=T_{\mathrm{emax}},\ T_{\mathrm{r}}=T_{\mathrm{emax}}\cdot i_{\mathrm{n}}\cdot \eta_{\mathrm{T}} \tag{1-41}$$

式中：T_{d} 为驱动力矩（N·m）；T_{r} 为阻力矩；T_{emax}为发动机最大输出转矩；i_{n} 为所选挡位变速器的传动比；η_{T} 为变速器的传动效率。

令 $\eta_{\mathrm{T}}=0.85$，由式（1-41）计算得变速器Ⅱ挡时的驱动力矩 $T_{\mathrm{d}}=510$ N·m，阻力矩 $T_{\mathrm{r}}=789$ N·m。

1.3.3 刚体动力学模型建立与仿真

以变速器的动力学模型为研究对象，假定传动系中的轴和齿轮均为刚体，也就是在确认仿真模型的正确性后，对模型进行测试和验证，并得到各种数据，利用这些数据分析变速器的动力响应特性。对于刚体动力学模型，往往给定每个构件的固定坐标系，而忽略在运动过程中构件形态的变形，仅考虑连接构件之间的运动副的位置、速度和加速度的变化对系统的影响。

1.3.3.1 齿轮碰撞参数分析

ADAMS/Solver 采用两种方法计算碰撞力（法向力）：回归法和冲击函数法（impact）。回归法需要定义惩罚参数和回归系数。惩罚参数起加强碰撞中单边约束的作用，惩罚系数越大，碰撞刚度就越大。回归系数可以控制碰撞过程中的能量消耗。而冲击函数法将碰撞力量化为一个弹簧阻尼器产生的力，包括两部分：一个是两构件相互切入而产生的弹性力，另一个是由于相对速度产生的阻尼力。因此，回归法常用于发生多侧碰撞的模型，而冲击法多用于单侧碰撞模型。变速器工作时轮齿之间的冲击可视为单侧碰撞，因此本节采用冲击函数法建立碰撞模型展开研究。

Impact 函数定义的碰撞力可以用下列方程来表示：

$$F_{\mathrm{n}}=\begin{cases}K\times\delta^{e}-C\times\left(\dfrac{\mathrm{d}q}{\mathrm{d}t}\right)\times STEP(q,\ q_0-d,\ 1,\ q_0,\ 0), & q<q_0\\ 0, & q\geqslant q_0\end{cases}\tag{1-42}$$

式中：q_0 为 A 物体和 B 物体间的初始距离；q 为 A 物体和 B 物体发生碰撞时的实际距离；δ 为 A 物体发生的变形量，即 $\delta=q_0-q$；$STEP$ 为阶跃函数。

由式（1-42）和图 1-31 可以看出，当 $q\geqslant q_0$ 时，A 和 B 没有接触，碰撞力为零；当 $q<q_0$ 时，A 和 B 发生碰撞，此时碰撞力大小与非线性弹簧刚度系数 K、变形量 δ、恢复系数 e、阻尼系数 C 和穿透深度 d 有关。

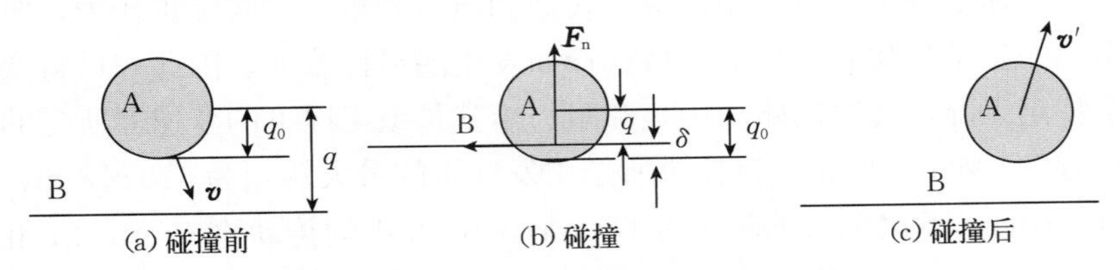

图 1-31 刚体弹性碰撞模型

用 Impact 函数来模拟齿轮之间的碰撞力，其实是由两个变曲率半径球体碰撞问题来表示轮齿啮合时发生碰撞所引起的激励力。本文可以依据赫兹弹性碰撞理论计算求解该激励力。在赫兹碰撞问题中，由于碰撞区附近的变形受周围介质的强烈约束，因而各点处于三向应力状态，且碰撞应力分布呈高度局部性，随离碰撞面距离的增加而迅速衰减。此外，碰撞应力与外加压力呈非线性关系，并与材料的弹性模量和泊松比有关。在讨论弹性碰撞问题时做以下假定：①碰撞系统由两个相互碰撞的物体组成，它们之间不发生刚性运动；②碰撞物体的变形是小变形，碰撞点可以预先确定，碰撞或分离只在两物体可能碰撞的相应点进行；③应力、应变关系取线性；④碰撞表面充分光滑；⑤不考虑碰撞面的介质（如润滑剂），不计动摩擦影响。当碰撞面附近的物体表面轮廓近似为二次抛物面，且碰撞面尺寸远比物体尺寸和表面的相对曲率半径小时，由赫兹理论可得到与发生实际碰撞十分接近的仿真结果。

图1-31表示变曲率半径球体的碰撞模型。假设某一半径为R的圆球体A以速度$\boldsymbol{v}$飞向平面B，则碰撞可分为碰撞前、发生碰撞和碰撞后这三个主要过程。

（1）*碰撞函数中的弹簧刚度系数K的确定*。在使用ADAMS碰撞函数中，确定碰撞力大小F_n主要由等效刚度K以及幂指数n两个参数确定。当碰撞发生时，物体A与物体B之间有力的作用，其中因为碰撞产生了弹性力F_n，同时物体A也发生了一定的变形δ，赫兹模型指出F_n与δ满足如下关系：

$$\delta=\left(\frac{9F_n^2}{16ER^2}\right)^{\frac{1}{3}} \tag{1-43}$$

式（1-43）又可表示为

$$F_n=\left(\frac{4}{3}R^{\frac{1}{2}}E\right)\delta^{\frac{3}{2}}=K\delta^n \tag{1-44}$$

指数$n=3/2$，而非线性弹簧刚度阻尼系数K与碰撞物体的材料和外形有关：

$$K=\frac{4}{3}R^{\frac{1}{2}}E \tag{1-45}$$

式中：$1/R=1/R_1+1/R_2$；$1/E=(1-\mu_1^2)/E_1+(1-\mu_2^2)/E_2$。$R_1$、$R_2$分别是两个啮合齿轮碰撞点的当量半径；$\mu_1$、$\mu_2$分别是两个啮合齿轮材料的泊松比；$E_1$、$E_2$分别是两个啮合齿轮的弹性模量。

在齿轮转动过程中，由于参与啮合的轮齿不断交替变化，导致每一次参与啮合的齿轮的啮合点曲率半径随着渐开线齿廓曲线半径的变化而改变，但是，每个啮合点的曲率半径与节圆啮合切点处的曲率半径的变化趋势有关系。分别对直齿轮啮合和斜齿轮啮合时的情况展开讨论，推导啮合点曲率半径的计算过程。

① 对于直齿轮，啮合点处的曲率半径为

$$R_1=\frac{d'_1\sin\alpha'}{2},\ R_2=\frac{d'_2\sin\alpha'}{2} \tag{1-46}$$

由于$d'_1=d_1\dfrac{\cos\alpha}{\cos\alpha'}$，因此：

$$R_1=\frac{1}{2}d_1\frac{\cos\alpha}{\cos\alpha'}\sin\alpha'=\frac{d_1}{2}\cos\alpha\tan\alpha' \tag{1-47}$$

式中：α'为啮合点的压力角；α为齿轮分度圆压力角；d_1为分度圆直径。

又因为$\dfrac{R_2}{R_1}=\dfrac{d'_2}{d'_1}=\dfrac{z_2}{z_1}=i$，其中$i$是齿轮传动比，$z_1$、$z_2$是齿数。

可得$R_2=iR_1=i\dfrac{d_1}{2}\cos\alpha\tan\alpha'$。

因此

$$\frac{1}{R}=\frac{1}{R_1}+\frac{1}{R_2}=\frac{2}{d_1\cos\alpha\tan\alpha'}\frac{i+1}{i} \tag{1-48}$$

将式（1-48）代入式（1-45）中，可求得直齿轮的非线性弹簧刚度系数：

$$K_z=\frac{4}{3}R^{\frac{1}{2}}E=\frac{4}{3}\left[\frac{id_1\cos\alpha\tan\alpha'}{2(1+i)}\right]^{\frac{1}{2}}E \tag{1-49}$$

② 对于斜齿轮，可视为直齿轮两端面相互绕轴线扭转一个角度β，则沿齿廓线上分布的啮合点处的曲率半径为

$$\left.\begin{aligned}&r'_1=\frac{d'_1\sin\alpha'_t}{2},\ r'_2=\frac{d'_2\sin\alpha'_t}{2}\\&d'_1=d_1\frac{\cos\alpha_t}{\cos\alpha'_t},\ d'_2=d_2\frac{\cos\alpha_t}{\cos\alpha'_t}\\&r'_2=ir'_1\end{aligned}\right\} \tag{1-50}$$

式中：r'_1、r'_2分别是斜齿轮两个端面啮合点处的曲率半径；α_t、α'_t分别是斜齿轮的法向压力角和端面啮合角。

由式（1-50）可知：

$$r'_1=\frac{1}{2}d_1\frac{\cos\alpha_t}{\cos\alpha'_t}\sin\alpha'_t=\frac{d_1}{2}\cos\alpha_t\tan\alpha'_t$$

$$r'_2=ir'_1=i\frac{d_1}{2}\cos\alpha_t\tan\alpha'_t$$

由于是斜齿轮传动，因此：

$$r_1=\frac{r'_1}{\cos\beta_b},\ r_2=\frac{r'_2}{\cos\beta_b}$$

因此：

$$\frac{1}{r}=\frac{1}{r_1}+\frac{1}{r_2}=\frac{\cos\beta_b}{r'_1}+\frac{\cos\beta_b}{r'_2}=\frac{2\cos\beta_b}{d_1\cos\alpha_t\tan\alpha'_t}\frac{i+1}{i} \tag{1-51}$$

式中：β_b 为基圆螺旋角，$\tan\beta_b=\tan\beta\cos\alpha_t$；$\beta$ 为斜齿轮螺旋角；α_n 为斜齿轮压力角；α_t 为法向压力角，$\tan\alpha_n=\tan\alpha_t\cos\beta$。

将式（1-51）代入式（1-45）中，可求得斜齿轮的非线性弹簧刚度系数：

$$K_x=\frac{4}{3}R^{\frac{1}{2}}E=\frac{4}{3}\left[\frac{id_1\cos\alpha_t\tan\alpha'_t}{2\ (1+i)\ \cos\beta_b}\right]^{\frac{1}{2}}E \tag{1-52}$$

（2）碰撞函数中的阻尼系数 C 的确定。考虑到阻尼分量，式（1-44）可以改写成

$$F_n=K\delta^n+C\dot{\delta} \tag{1-53}$$

式中：C 为阻尼参数；$\dot{\delta}$ 为两轮齿碰撞时的相对移动速度。

Hund 与 Grossley 在文献中提出确定 C 的方法：

$$C=\mu\delta^n \tag{1-54}$$

式中：μ 为滞后阻尼因子。

在非线性弹簧阻尼碰撞模型中，碰撞过程中碰撞的阻尼项会产生能量损失。图 1-32 表示在碰撞过程中与阻尼有关的变化曲线。

在图 1-32（b）中，$t^{(-)}$表示开始碰撞前两轮齿刚一接触的时刻，$t^{(m)}$表示轮齿碰撞达到最大穿透量的瞬间时刻，$t^{(+)}$表示碰撞结束后两轮齿刚一分离的那一时刻。一般需要采用由冲量定理和能量守恒定理确定的滞后阻尼因子 μ 来求解式（1-54）中的阻尼系数 C。

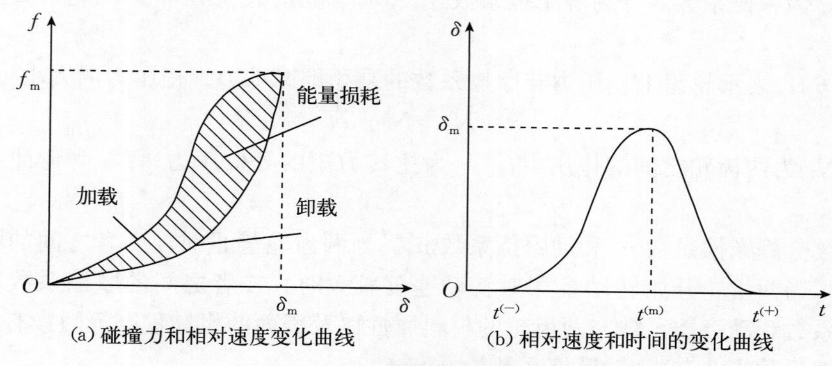

(a) 碰撞力和相对速度变化曲线　(b) 相对速度和时间的变化曲线

图 1-32　赫兹碰撞阻尼模型

根据能量守恒定理，可以用恢复系数 e 与两轮齿间的相对速度 $\dot{\delta}^{(-)}$ 表示在碰撞前与碰撞后两齿轮的动能损失：

$$\Delta T=\frac{1}{2}m^{\mathrm{eff}}\dot{\delta}^{(-)^2}(1-e^2) \tag{1-55}$$

$$m^{\mathrm{eff}}=\frac{m_i m_j}{m_i+m_j} \tag{1-56}$$

其中相对速度的求解方法为

$$\dot{\delta}^{(-)}=V_i^{(-)}-V_j^{(-)} \tag{1-57}$$

式中：$V_i^{(-)}$ 为轮齿 i 碰撞接触前的速度；$V_j^{(-)}$ 为轮齿 j 碰撞接触前的速度。

用积分法也可以得到碰撞过程中的能量损失：

$$\Delta T=\oint D\dot{\delta}\,\mathrm{d}\delta=\oint \mu\delta^n\dot{\delta}\,\mathrm{d}\delta\cong 2\int_0^{\delta_m}\mu\delta^n\dot{\delta}\,\mathrm{d}\delta=\frac{2}{3}\frac{\mu}{K}m^{\mathrm{eff}}\dot{\delta}^{(-)^3} \tag{1-58}$$

在式（1-58）中，K 和 n 的取值与非线性弹簧参数项中对应的取值相同。滞后因子 μ 可由式（1-58）算得：

$$\mu=\frac{3K(1-e^2)}{4\dot{\delta}^{(-)}} \tag{1-59}$$

由以上推导过程可知，阻尼系数 C 与两碰撞齿轮的弹性模量、泊松比等材料属性有关，也与两齿轮的齿廓形状有关。一般通过实验才能测定恢复系数 e 的值。

（3）碰撞函数中穿透深度 $d_{\max}$ 的确定。参数 $d_{\max}$ 表示两物体接触后的穿透深度，当 $\delta>d_{\max}$ 时，非线性弹簧阻尼模型中的阻尼大小的取值为 D；当 $0<\delta<d_{\max}$ 时，非线性弹簧阻尼模型中的阻尼值由阶跃函数决定。图 1-33 表示阻尼大小与穿透深度的关系变化曲线。$d_{\max}$ 的取值应该越小越好，在软件中数值具有收敛性，可采用推荐的经验值 $d_{\max}=0.11$ mm。

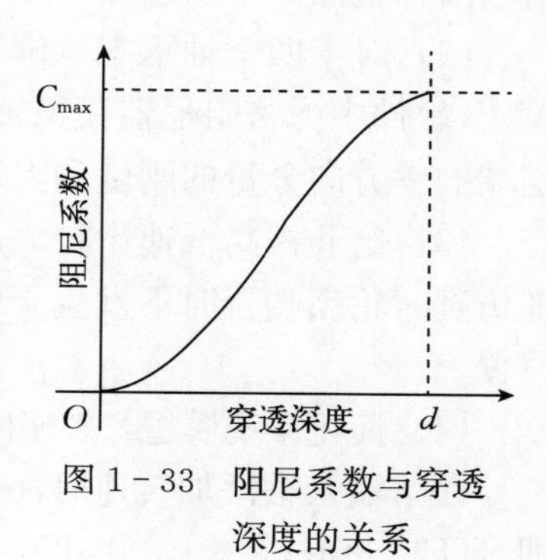

图 1-33　阻尼系数与穿透深度的关系

（4）碰撞函数中摩擦系数的确定。ADAMS 中的摩擦力由库仑模型确定，可表示为

$$f_i=\mu_i|N| \tag{1-60}$$

式中：μ_i 为摩擦系数，分为静摩擦系数 μ_s 和动摩擦系数 μ_d；N 为两轮齿碰撞时产生的正压力。

式（1-60）表示轮齿上正压力与摩擦系数的乘积即摩擦力。正压力的大小可表示为

$$N=N_1+N_2+N_3 \tag{1-61}$$

式中：N_1 为两齿轮之间的作用力；N_2 为扭转力矩的等效压力；N_3 为弯曲力矩的等效压力。

摩擦系数分静摩擦系数 μ_s 和动摩擦系数 μ_d。当两齿轮静止时，二者之间的摩擦系数取静摩擦系数；当两齿轮开始转动且相对转动速度较大时，二者之间的摩擦系数取动摩擦系数。静摩擦系数和动摩擦系数与两齿轮的材料属性以及表面的粗糙程度等因素有关，考虑碰撞时的静摩擦系数为 0.08 和动摩擦系数为 0.05。

变速器齿轮的材料为 20CrMnTi，计算中端面啮合角等于法向压力角，泊松比为 0.29，弹性模量为 2.07×10^5 N/mm^2。Ⅱ挡齿轮的主要几何参数如表 1-6 所示。

表 1-6　变速器Ⅱ挡齿轮主要参数

齿轮	模数/mm	齿数	压力角/(°)	螺旋角/(°)	齿宽/mm
主动轮	5	22	20	18	40
从动轮	5	40	20	18	36

计算后可得齿轮弹簧刚度系数为 548 640 N/mm$^{1.5}$。将数据输入到模型中，经多次试验及考虑经验值最后确定：阻尼系数 $C=50$ N·s/mm，恢复系数 $e=1.5$，最大阻尼时的穿透深度 $d=0.11$ mm。

1.3.3.2　刚体仿真模型建立

根据前述的分析，需要将变速器的各种连接方式和外载转化为 ADAMS 软件中相应的运动副和载荷。为了保证仿真环境与实际工况的等效性，需要对上述各种运行参数做如下处理：

（1）给输入轴输入端与离合器连接的花键位置添加转动副（revolute），并给其添加转速 9 000(°)/s 和力矩 5.10 e^{5}N·mm；输出轴输出端大齿轮与副箱行星齿轮啮合处添加转动副，给输出轴施加一个初速度 3 688.5(°)/s 和力矩 7.89 e^{5}N·mm。

（2）对于四个轴承支承位置，借用传动轴动力学模型中的轴承处理方式，即采用 ADAMS 软件中弹簧阻尼器模拟轴承滑动支承端的两方向分量的刚度和阻尼，模拟轴承轴向固定端的三方向分量的刚度和阻尼，设置刚度系数为 4.5 e^{5}N/mm，阻尼系数为零。

（3）给Ⅱ挡高低速齿轮添加齿轮副转动副，两齿轮之间采用齿轮副（gear）连接，为保证仿真时轮齿啮合时不发生干涉，需要准确计算出啮合 Marker 点，并多次调试 Marker 点位置。

（4）简化系统模型，忽略同步器和齿轮衬套，Ⅱ挡齿轮与轴之间采用固定副（fixed）连接。

在给输入轴添加转速时使用 ADAMS 内置的 STEP 函数，使转速在 0.1 s 内平稳加载，即 STEP（time，0.0，0.0D，0.1，9000D），可以使施加的转速不出现大的突变。给Ⅱ挡齿轮之间添加接触力（contact），有关接触力的各项参数由前面的部分给出。设置好的变速器Ⅱ挡仿真模型如图 1-34 所示。

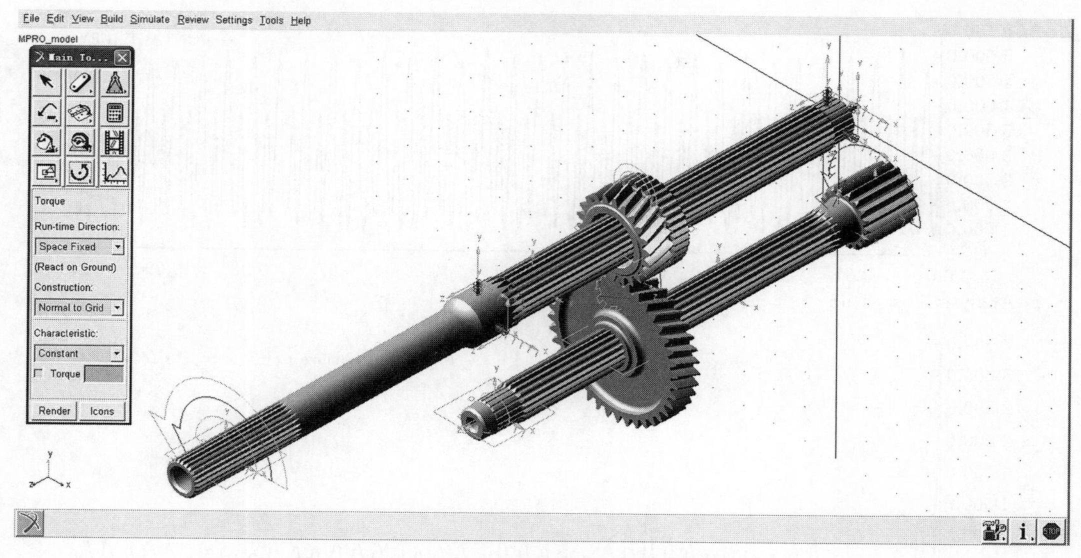

图1-34　变速器刚体动力学模型

1.3.3.3　仿真分析

对仿真模型执行装配分析和模型检验后，设置合适的求解器的精度。最后设置的仿真时间为0.1 s，多次运行后得到Ⅱ挡齿轮的各向啮合力曲线。

图1-35、图1-36、图1-37分别是Ⅱ挡齿轮啮合点处圆周力（X向）、径向力（Y向）、轴向力（Z向）的时域及频域图。从图中可以看出，齿轮工作时，啮合力呈现周期

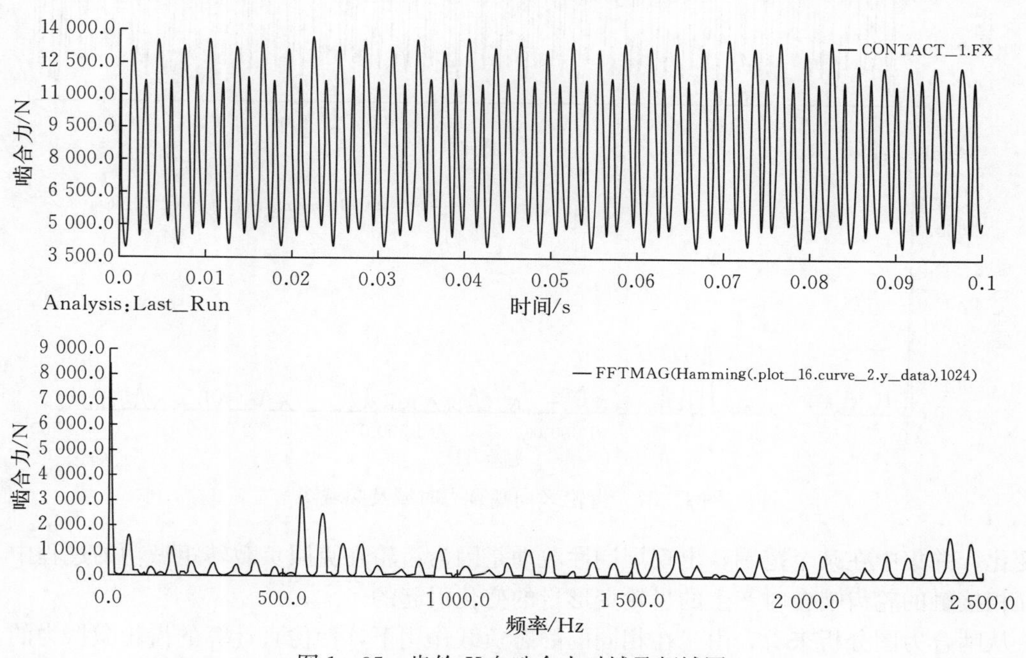

图1-35　齿轮X向啮合力时域及频域图

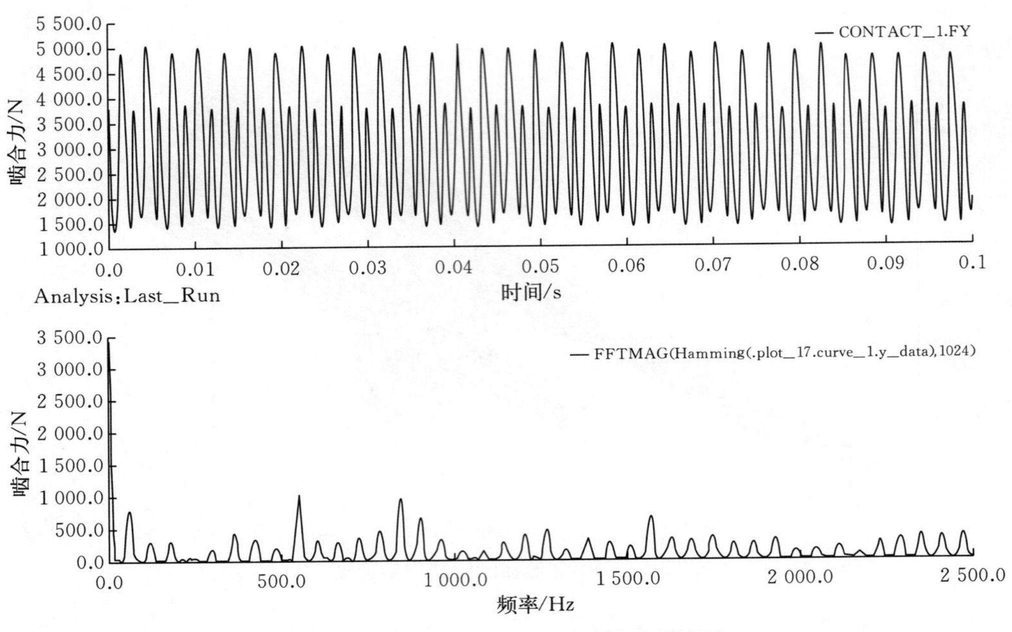

图 1-36　齿轮 Y 向啮合力时域及频域图

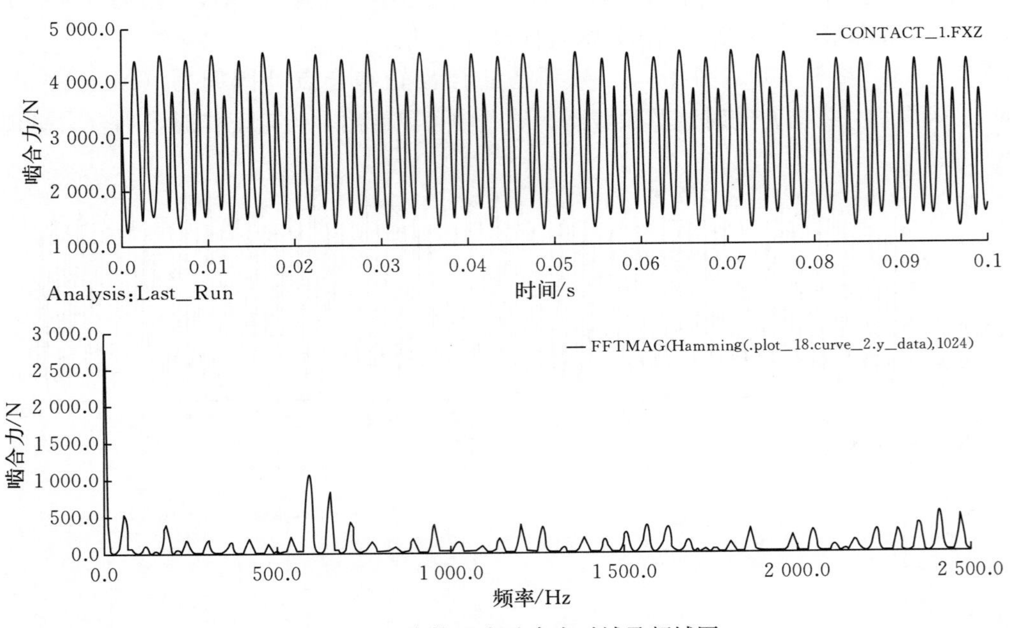

图 1-37　齿轮 Z 向啮合力时域及频域图

性变化，并集中在某个范围，出现周期性波动是因为齿轮在克服负载转矩做功的过程中，两个互相接触的轮齿啮合时产生的齿轮变形量的变化引起的。

从啮合力图分析来看，由于在相同的静态负载作用下，使仿真计算的齿轮激振力的上下波动较大，齿轮啮合力在某一值附近上下波动。X 向均值在 8 905 N 左右上下波动，最大值

13 606 N，最小值 3 933 N；Y 向均值在 3 120 N 左右上下波动，最大值 5 053 N，最小值 1 352 N；Z 向均值在 2 954 N 左右上下波动，最大值 4 544 N，最小值 2 954 N。

从图 1－35、图 1－36、图 1－37 中的频域分析结果来看，经滤波除去直流分量后，三个方向的最大啮合频率均出现在 556 Hz 附近，这与转速与啮合频率的关系相吻合。

为了方便验证仿真结果，本文采用经典机械设计公式估算出齿轮啮合力和啮合频率的理论值。计算时仍选择前述中确定的外载和工况，Ⅱ挡齿轮啮合时的圆周力 F_t、径向力 F_r、轴向力 F_a 的计算公式为

$$\left.\begin{aligned} F_t&=\frac{2T_{emax}}{d}\\ F_r&=\frac{2T_{emax}\tan\alpha}{d\cos\beta}\\ F_a&=\frac{2T_{emax}\tan\beta}{d}\end{aligned}\right\} \tag{1-62}$$

式中：d 为输入轴Ⅱ挡齿轮的节圆直径，即分度圆直径；T_{emax} 为发动机最大输出转矩，即输入轴的输入转矩；α、β 分别是输入轴Ⅱ挡齿轮的压力角和螺旋角。

将表 1－7 中的参数代入式（1－62），经计算得齿轮圆周力 F_t＝8 819 N，径向力 F_r＝3 375 N，轴向力 F_a＝2 865 N。根据齿轮的啮合频率计算公式 $f=z\cdot n/60$，可得啮合频率的理论值为 550 Hz。

表 1－7　齿轮啮合力的理论值与仿真值

	圆周力/N	径向力/N	轴向力/N	啮合频率/Hz
理论值	8 819	3 375	2 865	550
仿真值	8 905	3 120	2 954	556

表 1－7 是齿轮啮合力理论计算值和软件仿真值的比较结果。经过比较，可以看出啮合力和啮合频率的仿真值和理论计算值基本吻合，没有出现大的偏差，证明了软件仿真的可靠度。同时，这些结果可以作为有限元模型的边界条件，对模型做进一步的结构力学分析。

前述将样机模型当作刚性系统来处理，认为模型在受到力的作用时不发生变形。但是，一些高速、细长及长期受力的零件发生的弹性形变也会对机构的动态特性产生不利影响。因此，为了更精确地考虑模型各零部件之间的受载情况以及系统内部的应力应变分布，有必要对模型之间的刚柔耦合作用以及弹性体的变形做进一步分析。而将某些零件作为可以发生蠕变的柔体来分析，这属于多柔体动力学的研究范围。本节所讨论的柔体是利用有限元技术，计算变速器输入轴的自然频率和对应的模态，将输入轴产生的微小形变看作由输入轴模态通过线性计算而得到的。

ADAMS 中的柔体的载体是包含零件模态信息的模态中性文件，模型的模态是模型自身的一种物理属性。将模型离散成有限元模型之前，要求对零件的单元和节点逐一进行编号，以便组成的一个矢量是按照节点编号排列。该矢量一般是由多个相对垂直的同维矢量通过线性组合而成，模型的模态就是最基础的矢量。矢量的模态频率即共振频率，也就是所说的特

征值，通过直接积分计算就可以得到模型的变形量，也可以在模态空间中通过模态的线性叠加而得到，这种线性叠加关系可以表示为

$$[u]=\sum_{i=1}^{W}a_i[\phi]_i \tag{1-63}$$

式中：$[u]$为各节点的位移矢量；a_i 为模态参与因子；$[\phi]_i$ 为构件的模态。

在将输出轴模型离散成有限元模型后，具有局部自由度的有限元模型的各个节点就组成了包括整体自由度的有限元模型。这样，模态按照一定比例的线性叠加组成了各个节点的实际位移，通常称这个比例系数为模态参与因子，因子的大小决定对应的模态对构件变形的贡献量。因此，对输出轴的振动分析，可以从输出轴的模态参与因子的大小来分析。如果输出轴在旋转振动时，第 n 阶模态的参与因子大，可以适当地改进设计，抑制该阶模态对振动的贡献量，降低输出轴的振动。但是，通过一定方法优化基本模态后，才能找到最明显表示输出轴变形的最小数量的模态坐标，也就是说，找到最合适的模态参与因子。

最优化的办法就是模态综合技术，本文选择 Craig－Bampton 模态综合法。Craig－Bampton 法将系统自由度分为内部自由度 u_I 和边界自由度 u_B 两部分。可由式（1－64）来描述物理空间坐标和 Craig－Bampton 模态坐标之间的关系：

$$[u]=\begin{Bmatrix}u_I\\u_B\end{Bmatrix}=\begin{bmatrix}\Phi_{IM} & \Phi_{IN}\\ I & 0\end{bmatrix}\begin{Bmatrix}Q_M\\Q_N\end{Bmatrix} \tag{1-64}$$

式中：u_I 为内部自由度；u_B 为边界自由度；I 为单元矩阵；Φ_{IM} 为正交模态下内部自由度的位移矢量；Φ_{IN}是约束模态下内部自由度的位移矢量；Q_M 是约束模态的模态坐标；Q_N 是固定边界正交模态的模态坐标。

通过约束所有的边界自由度求解特征值可以计算得到固定边界正交模态，数量往往根据不同的研究内容来确定。而后展开那些定义了内部自由度的边界正交模态，需要求解的模态数量保证了展开模态内部自由度的准确性。

通过释放其中任一个单元的边界自由度单位力和单位位移，同时固定其他所有边界自由度可以获取约束模态。边界自由度有很多可能的运动状态 $Q_N=u_B$，这可以反映在基本约束模态的位移矢量和相应的边界自由度的模态坐标的运动对应关系中。

而进行正交化后的全部 Craig－Bampton 模态，可以有效地确保了所有阶数模态的线性独立性。线性叠加后的 Craig－Bampton 模态正交化公式如下：

$$[u]=\sum_{i=1}^{W}a_i^{*}Q_i^{*} \tag{1-65}$$

1.3.4 柔体仿真模型建立

ADAMS 所使用的模态中性文件需要借助 ANSYS 软件完成，将计算好的输入轴模态中性文件导入 ADAMS 中。由于采用了柔体替换刚体，在建好的Ⅱ挡刚体模型上的运动副、载荷等会自动转移到柔体上，刚体上的 Marker 点会转移到柔体上相同的节点上，柔体模型会继承原来刚体模型的一些特征，如颜色、尺寸、初始速度、模态位移等，从而最大限度地保留刚体模型的运动特性。

由于无法直接给 ADAMS 中的柔体施加运动副和力载荷，只能通过建立一种虚构件 (dummy part)，将柔体和其他零件连接起来，然后将载荷和约束施加在这个虚构件上。对柔体模型做如下调整，在输入轴柔性体的角接触球轴承处添加转动副（revolute)，深沟球轴承处添加圆柱副（cylinder)，并将生成的齿轮啮合力曲线编制成样条函数加载到Ⅱ挡齿轮啮合点处。最终替换好的柔体模型如图 1－38 所示，此时的输入轴模型呈网格状，可以看出导入的输入轴模态中性文件很好地替换了原来的输入轴刚体模型，原先在刚体模型添加的运动副、载荷等信息转移到了输入轴柔体模型上。

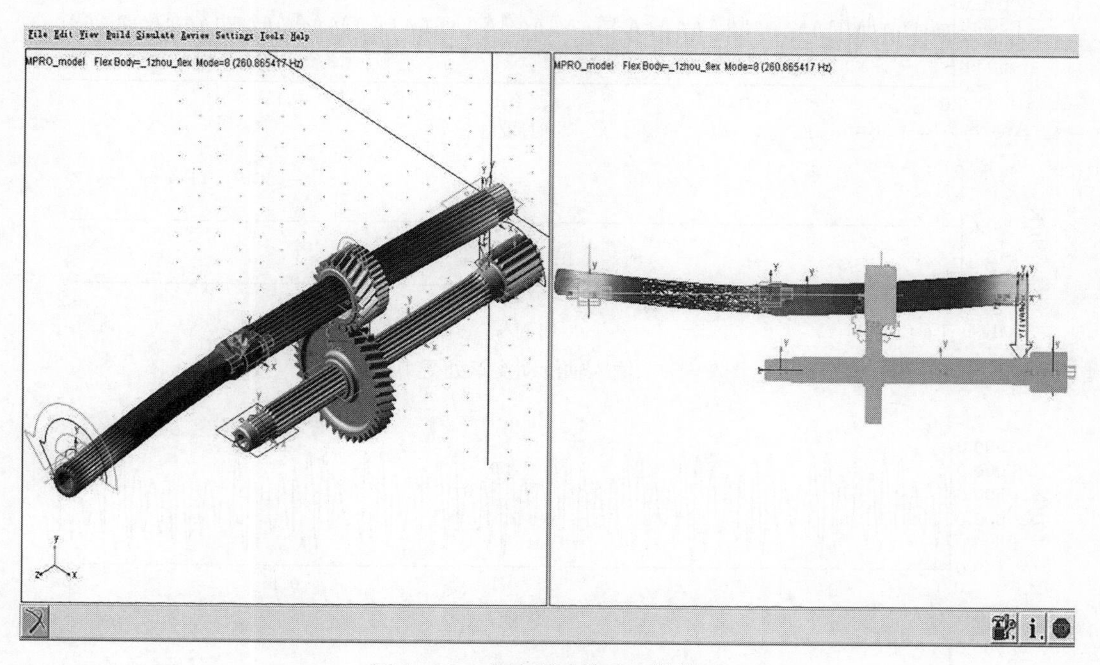

图 1－38 变速器柔体动力学模型

对仿真模型执行装配分析和模型检验后，设置合适的求解器的精度。最后设置的仿真时间为 0.2 s，多次运行后得到输入轴轴承支承处的受力曲线。

图 1－39 表示输入轴滑动支承处的运动副受力曲线。经滤波后，其圆周力（X 向）平均值为 2 838 N，最大值为 3 832 N，最小值为 1 253 N；径向力（Y 向）平均值为 1 297 N，最大值为 1 936 N，最小值为 527 N；轴向力（Z 向）值为零。

图 1－40 表示输入轴固定支承处的运动副受力曲线。经滤波后，其圆周力（X 向）平均值为 4 096 N，最大值为 7 459 N，最小值为 1 462 N；径向力（Y 向）平均值为 1 863 N，最大值为 2 634 N，最小值为 908 N；轴向力（Z 向）平均值为 3 392 N，最大值为 5 820 N，最小值为 1 395 N。曲线波动反映了传动轴支承处在工作时的振动状态。

通过刚柔耦合模型得到的输入轴轴承支承处所受的力，可以作为有限元分析软件的载荷边界条件，对零件进行更深入的静力学或动力学等方面的有限元分析，也可作为轴承选型及轴承寿命强度计算的受力依据，为变速器的优化设计、噪声及振动分析提供了数据资料。

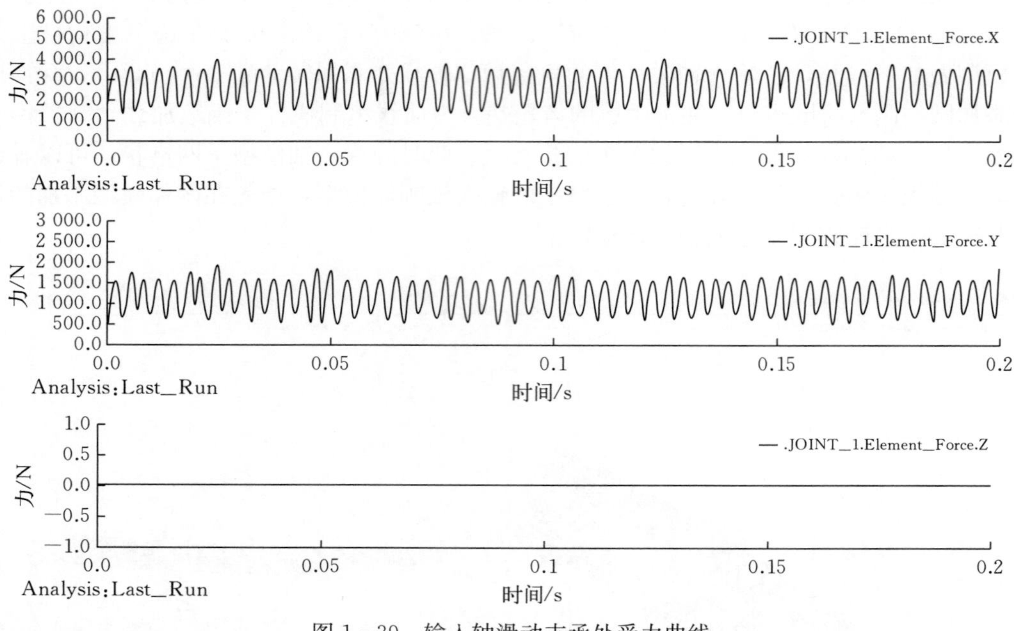

图 1-39　输入轴滑动支承处受力曲线

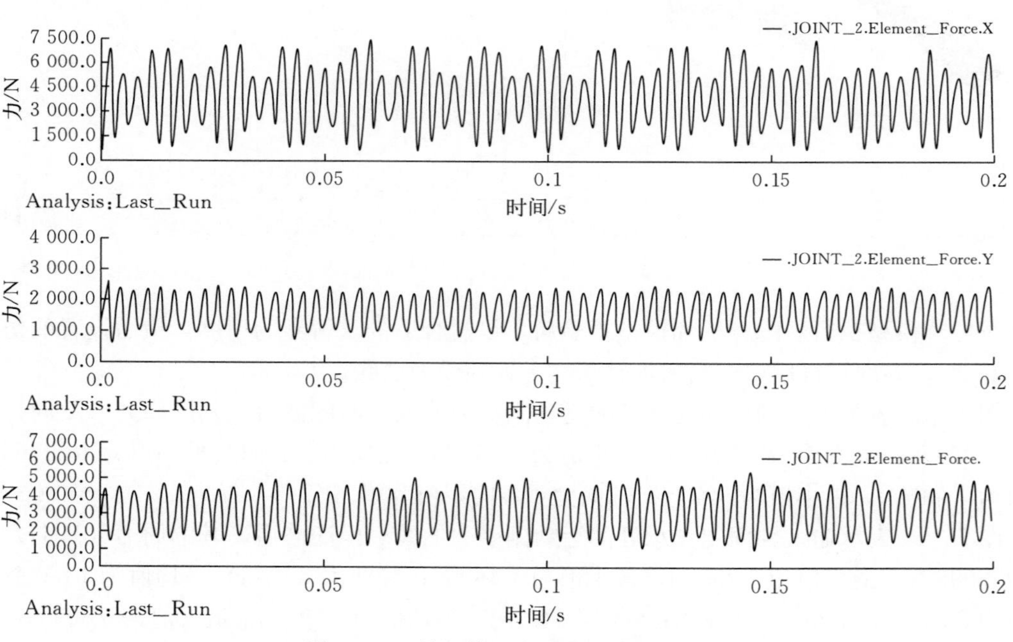

图 1-40　输入轴固定支承处受力曲线

第2章 拖拉机离合器起步接合控制

2.1 离合器起步接合控制方案

对 AMT 拖拉机起步工况及控制要求进行阐述，在分析拖拉机起步时离合器接合过程的基础上，对其接合过程进行动力学建模。从保证其接合稳定性和延长使用寿命两个方面概述起步时控制要求出发，制定 AMT 拖拉机离合器起步时的接合控制方案。

2.1.1 拖拉机起步工况及控制要求

2.1.1.1 起步工况

拖拉机在起步过程中，依赖驾驶员对拖拉机实际工作状况的判断，通过节气门开度的调节（加速踏板位置）对拖拉机离合器和发动机进行协调控制，使拖拉机完成起步。在整个起步过程中，主要依靠油门开度大小来判断驾驶员起步意图。对 AMT 拖拉机的起步控制既要求离合器接合平稳、冲击小，同时也要保证其滑摩时间短，延长其使用寿命。驾驶员的起步意图根据不同工况会发生改变，对评价指标的控制要求也不同。AMT 拖拉机起步时，应满足以下几个条件：①驾驶员的起步意图通过对加速踏板位置控制来实现；②拖拉机发动机运转但车速为零，挡位为前进挡；③刹车踏板未踩下。参考拖拉机使用要求，通常将驾驶员起步意图划分为缓慢起步（爬行）、正常起步和快速起步三种。

（1）*缓慢起步*。拖拉机在田间地头倒车、转弯，或通过泥泞的路面和田间作业等情况时，驾驶员必须控制其以缓慢的速度起步。此种工况主要依靠离合器主、从动摩擦片之间的摩擦来传递动力和控制拖拉机速度，拖拉机的离合器位于半接合状态。在这种情况下，发动机的转速都很低，油门踏板位置可以控制在 30%～45%。为了缩短离合器滑摩时间，在实现其平稳缓慢起步、避免发动机熄火的前提下，应该尽快使离合器接合。

（2）*正常起步*。拖拉机从静止状态顺利平稳过渡到正常行驶状态的过程即为正常起步，油门踏板位置通常控制在 45%～75%。这种工况要求拖拉机离合器在实现平稳起步的前提下尽量缩短其滑摩时间。

（3）*快速起步*。遇到紧急情况（如陷于淤泥、停在坑里等）时，驾驶员必须踩下油门踏板使油门开度迅速上升到较大值（一般取油门开度大于 75%），要求离合器快速接合以迅速传递发动机转矩，使拖拉机迅速完成起步。在这种工况下，控制系统对拖拉机的平稳性要求不是很高，控制在一定的范围内（最大冲击度的标准在之后章节有详细分析）使拖拉机能够正常起步，避免起步时熄火即可。

2.1.1.2 拖拉机起步控制要求

拖拉机起步主要通过离合器主、从动盘传递转矩来连接或中断发动机与拖拉机的传动系。对拖拉机起步工况的控制一直都是AMT离合器接合技术研究的难点，其接合过程应该满足以下几点要求：

（1）能够充分反映驾驶员意图。根据拖拉机不同工况下的起步需要可将起步工况分为多种。在不同工况下，驾驶员要适当地调节起步意图，对离合器接合控制要求也会改变，从安全和人机友好角度考虑，对其起步控制要达到适应不同工况识别和判断并反映驾驶员的起步意图的目的，采取相应的控制策略对其进行控制；否则，便会影响拖拉机起步平稳性，造成起步冲击，延长其滑摩时间，缩短使用寿命。

（2）滑摩功大小适中。拖拉机起步时，离合器的主、从动盘在压紧力的作用下逐渐接触，发动机的动力通过其主、从动盘之间的摩擦传递给拖拉机的传动系统，拖拉机开始缓慢起步。滑摩功是判断起步平稳性的基本要素，拖拉机离合器在起步过程中产生滑摩功是不可避免的。因此，在拖拉机的起步阶段也要充分考虑离合器的滑摩功。拖拉机的起步控制首先要保证使用过程中离合器的摩擦片不能因为摩擦产生的温度过高而造成过度磨损和损坏，缩短其使用寿命。滑摩功作为离合器在使用时对其磨损的评价指标，表达了接合过程中的摩擦损失或动能转化成热能的多少。滑摩功越大，摩擦副的磨损也越严重，机械能的损失也越大。在拖拉机起步过程中，要尽可能降低离合器的过度滑摩，以延长其使用寿命。

（3）起步平稳性。起步平稳性是指拖拉机起步过程中离合器接合平稳、冲击小，不产生大的抖动、冲击和传动系统的过大动载荷。平稳性是AMT起步控制的基本要求，主要是指车辆纵向加速度的变化率，通常用冲击度J来表示。

（4）能够适应各种工况工作。拖拉机工作环境恶劣、工况复杂多变（犁耕、除草、运输等），因此对拖拉机离合器的控制必须满足不同工况下的工作。根据工作条件可分为：①空载条件下起步；②运输条件下起步；③犁耕条件下起步。根据路面状况的不同也可分为：①湿滑路面起步；②干燥路面起步；③松软路面起步。因此，要求控制系统必须能够对不同的路面状况和道路条件进行判别，并按照判断结果对不同工况下拖拉机的起步进行控制，以保证拖拉机起步平稳和延长离合器使用寿命。

（5）系统的快速响应性。控制系统要响应快，能够迅速适应并反映不同的驾驶意图和不同工作状况的要求。

（6）发动机运转稳定性。避免因载荷的突变而引起发动机熄火的现象，导致起步中断。起步工况下首先要避免发动机熄火（要求发动机的转速必须大于或者等于发动机的最小稳定转速），即在一定的油门开度下，发动机输出功率要固定不变。拖拉机起步时，离合器的传递转矩是拖拉机传动系统的驱动力矩，同时也是发动机的负载转矩。当其大于发动机输出转矩时，必然会造成发动机的转速下降；当发动机的转速低于怠速时，发动机的运转将出现不稳定性，造成车体抖动，严重时甚至造成拖拉机熄火，影响起步平稳性。同时其转速也不能过高，当其输出转矩大于离合器传递转矩时，发动机的转速将不断升高，出现轰响，降低拖拉机的燃油经济性能。因此，在拖拉机的起步工况时要保证发动机转动的稳定性，必须对离合器和发动机这两个系统同时进行控制。

（7）具备爬行控制功能。当拖拉机在田间调头、倒车或者泥泞的路面等特殊的情况下时，驾驶员需要以极低的速度驾驶拖拉机行驶，这种工况称为爬行工况。此时离合器处于半接合状态，这个时候要能够实现通过对油门开度的变化达到稳定控制车速的目的。摩擦片在这种特殊环境中进行工作，可能会导致其表面温度迅速升高。为了避免离合器烧蚀，系统还必须具备温度监测及保护功能，一旦温度过高，应立即切断控制系统。

（8）能够适应拖拉机不同的磨损。拖拉机工作时会产生各种磨损，系统中的控制参数也可能会发生改变。尤其是当离合器的摩擦盘出现磨损时会对离合器接合的性能产生直接的影响，在这种情况下必须对离合器的磨损使用情况进行一定的补偿控制，主要用来保证此时离合器稳定性的控制。

2.1.2 拖拉机起步时离合器接合过程动力学分析

2.1.2.1 离合器接合过程分析

拖拉机离合器的接合过程（图2-1）是指在起步或换挡过程中离合器在加载压紧力后，主、从动盘从开始接触到两者达到同步角速度为止的整个过程。其中，ω_1 为主动盘转速，ω_2 为从动盘转速，M_1 为离合器主动件的力矩，M_2 为从动件的力矩，M_z 为折算到从动盘的外阻力矩，M_m 为主、从动盘之间的传递转矩。

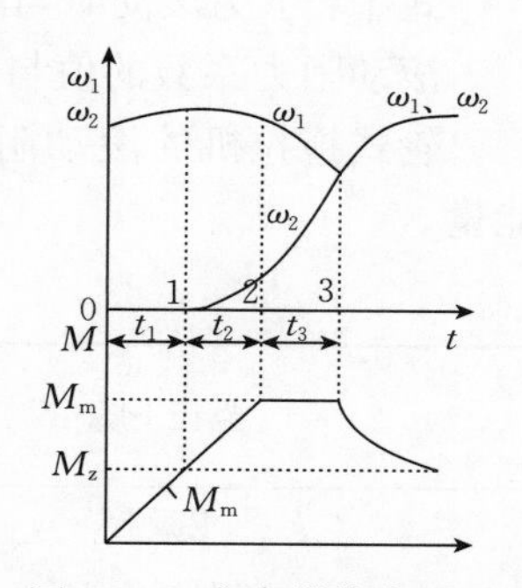

图2-1 离合器接合过程

在接合过程中，主、从动盘之间总有相对运动，摩擦面之间会产生相互的滑摩而导致发热。开始接合前发动机以 ω_1 的角速度空转，随着主、从动盘逐渐接合，摩擦转矩 M_m 也逐渐增大。摩擦转矩对发动机是负载力矩，故发动机及与之相连的离合器主动部分的角速度 ω_1 逐渐下降。

由图2-1看出，离合器接合过程可以划分为三个阶段：

第一阶段：从离合器主、从动盘接触的瞬时开始，随着离合器主动盘传递到从动盘上的转矩（离合器的传递转矩 M_m）的逐渐增大，直到其等于折算到离合器的从动盘上的外阻力矩时结束，此期间主动盘的转速略有下降。因为 $M_m=M_z$，所以在此阶段拖拉机静止不动。此段时间为 t_1。

第二阶段：主动盘传递给从动盘的转矩 M_m 继续增大，此时，$M_m>M_z$，于是拖拉机克服外阻力及惯性力开始起步，即 ω_2 由零开始增大。与发动机相连的离合器主动盘的转速 ω_1 因负荷增大而降低，直到离合器摩擦转矩 M_m 增加至最大值。此段时间为 t_2。

第三阶段：主动盘传递给从动盘的转矩 M_m 达到最大值后保持不变，但是主动盘转速 ω_1 继续降低，从动盘转速 ω_2 继续增加，两者相差越来越小，直至主、从动盘转速相等达到同步，这一阶段也就结束，拖拉机就完成了整个起步过程。此阶段的时间为 t_3。

上述接合过程是一般性的比较普遍的情况。由拖拉机理论可知，接合过程中拖拉机的外阻力矩主要由滚动阻力 P_f、空气阻力 P_ω（拖拉机起步行驶时，行驶速度较低，空气阻力的值较小，因此通常可以忽略不计）和坡道阻力 P_i 三部分组成。因此，行驶阻力 P_R 为

$$P_R=P_f+P_\omega+P_i \tag{2-1}$$

（1）滚动阻力。轮式拖拉机行驶时，轮胎与地面之间产生变形，会引起路面对车轮的反

作用力 N 偏离车轮纵轴线一个距离 e（图 2－2）。反作用力 N 与偏心距 e 的乘积构成了与车轮转动方向 w 相反的一个滚动阻力矩，与轮胎的动力半径 r_d 的比值，称为滚动阻力 P_f，为

$$P_f=\frac{Ne}{r_d} \qquad (2-2)$$

式中：N 为地面对车轮的反作用合力（N）；e 为车轮中心垂线至地面反作用力 N 的距离（mm）；r_d 为轮胎的动力半径（m）。

e/r_d 的值为滚动时的阻力系数，以 f 表示。因此，滚动阻力可以表示为

$$P_f=fG \qquad (2-3)$$

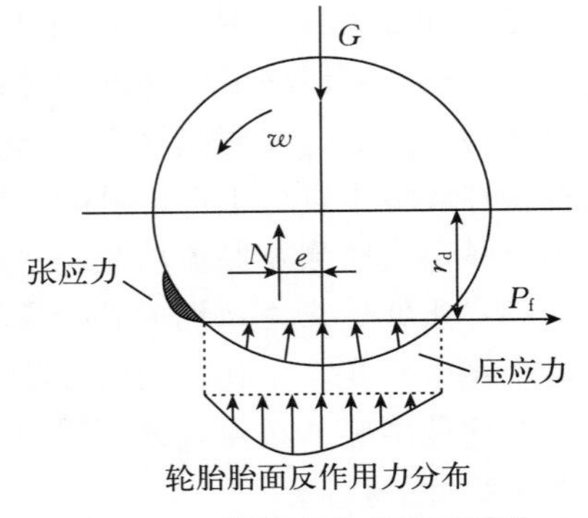

图 2－2　轮胎式作业机械滚动阻力作用原理

式中：f 为滚动时与路面间的阻力系数；G 为作用在车轮上的重力（N）。

滚动阻力系数的值与轮胎胎内压力和土质有关，通常由实验得出，如表 2－1 所示。

轮式拖拉机的滚动阻力反映的是作业机械行驶时，因轮胎变形与路面变形所消耗的能量。

表 2－1　不同路面滚动阻力系数

路面土质	阻力系数	
	轮胎式	履带式
混凝土	0.018	0.05
冻结冰雪地	0.023	0.03～0.04
砾石路	0.029	
坚实土路	0.045	0.07
松散土路	0.070	0.10
泥泞路、沙地	0.09～0.18	0.10～0.15

（2）坡道阻力。坡度阻力是拖拉机在爬坡行驶时，由拖拉机自重产生的沿路面切向的阻力。拖拉机上坡时，重力 G_s 可分解为垂直于路面的分力 $G_s\cos\alpha$ 和平行于路面的分力 $G_s\sin\alpha$ 两个部分。因此作用于拖拉机上坡时需克服的坡道阻力 P_i 为

$$P_i=G_s\sin\alpha \qquad (2-4)$$

式中：G_s 为整机所受重力（N）；α 为坡度角。

道路的坡度以每百米水平距离内坡道上升的高度 h（m）的百分比表示，坡道阻力可近似为

$$P_i=G_s\sin\alpha=G_s i_a \qquad (2-5)$$

当拖拉机下坡行驶时，$G_s\sin\alpha$ 的方向与拖拉机行驶的方向相同，这里的 P_i 就成为动力而不是阻力。

2.1.2.2　接合过程动力学模型

在研究拖拉机离合器接合规律时，为分析其接合过程中主、从动盘之间的运动关系和发热情况，可以将以离合器为中间联系的整个运动系统简化成如图 2－3 所示的计算简图，图

中 ω_1、ω_2 为离合器主、从动盘转速，I_1 为折算到离合器主动件上的系统主动环节的全部转动惯量，I_2 为折算到离合器从动件上的系统从动环节的全部转动惯量，M_1、M_2 为离合器主、从动件的力矩，M_z 为折算到离合器的从动轴上的外阻力矩，M_m 为主动盘传给从动盘的转矩，M_k 为拖拉机的驱动力矩。

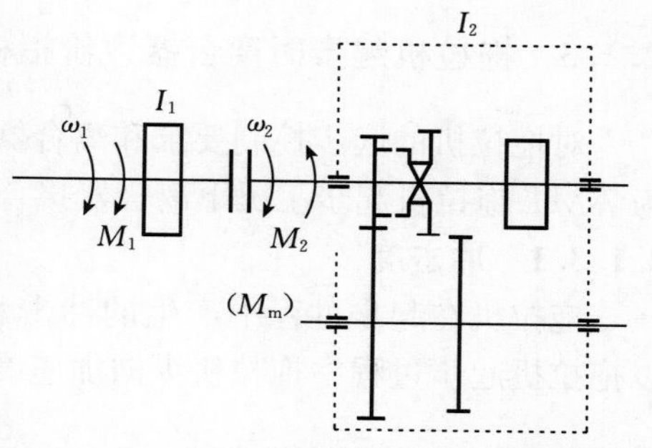

图 2-3 离合器接合过程的动力学模型

系统的动力学方程在离合器接合完成前后是不同的。

(1) 接合完成前滑摩阶段。当离合器接合时，其主、从动盘的运动微分方程为式 (2-6) 至式 (2-8)。

对于主动盘：

$$I_1 \frac{d\omega_1}{dt}=M_1-M_m \tag{2-6}$$

对于从动盘：

$$I_2 \frac{d\omega_2}{dt}=M_m-M_2 \tag{2-7}$$

$$M_z=2i_0 i_1 M_k \tag{2-8}$$

式中：i_0 为主减速器传动比；i_1 为Ⅰ挡传动比；M_k 为拖拉机车轮所获得的驱动力矩；其余符号所表示的含义如前所述。

离合器的接合过程计算中，通常用经简化了的方法来确定 I_1 和 I_2。

对于 I_1 可表达为

$$I_1=1.2I_m \tag{2-9}$$

式中：I_m 为发动机飞轮的转动惯量（$kg \cdot m^2$）；数值系数 1.2 是用来考虑发动机的其他运动零件及离合器主动件的转动惯量。

(2) 接合完成后同步阶段。当已知接合过程中 M_1、M_m 和 M_z 随时间变化的规律，即可由式 (2-8) 和式 (2-9) 的方程组求出 ω_1 和 ω_2 及它们的变化规律。因此，可以求出离合器主动盘和从动盘的相对角速度 ω_h（ω_h 也称为滑动角速度）：

$$\omega_h=\omega_1-\omega_2 \tag{2-10}$$

当 $\omega_1=\omega_2$ 时终止打滑，离合器完成接合。此时的运动微分方程为

$$(I_1+I_2)\frac{d\omega_2}{dt}=M_1-M_z \tag{2-11}$$

此时，可由 $\omega_h=0$ 的条件来确定打滑终止时间，即接合时间 t_j。这样就可以确定接合过程中的滑摩功及滑摩功率。

瞬时滑摩功率 N_h 为

$$N_h=M_m\omega_h=M_m(\omega_1-\omega_2) \tag{2-12}$$

总的滑摩功 L_h 为

$$L_h=\int_0^{t_j} M_m\omega_h dt=\int_0^{t_j} M_m(\omega_1-\omega_2)dt \tag{2-13}$$

2.1.3 拖拉机起步时离合器评价指标

对拖拉机的起步控制要求和离合器的接合过程进行分析，确定了以冲击度 J 和滑摩功 L 为 AMT 拖拉机起步工况下离合器接合过程的性能评价指标。

2.1.3.1 冲击度

拖拉机在起步过程中产生的冲击和振动对舒适性有很大影响，并以冲击度 J 来衡量，以拖拉机起步过程中拖拉机纵向加速度的变化率来表示，即

$$J=\frac{\mathrm{d}a}{\mathrm{d}t}=\frac{\mathrm{d}^2v}{\mathrm{d}t}=\frac{i_g i_0 \eta_t}{r_d \delta m_s}\frac{\mathrm{d}M_m}{\mathrm{d}t} \tag{2-14}$$

式中：a 为加速度（$\mathrm{m/s^2}$）；v 为拖拉机行驶速度（m/s）；r_d 为拖拉机驱动轮半径（m）；η_t 为离合器的传动效率；i_g 为变速器的传动比；i_0 为主减速器的传动比；M_m 为离合器主动盘与从动盘之间的传递转矩（N·m）；m_s 为拖拉机的重量（kg）。

根据离合器传递转矩分析，可知：

$$M_m=\mu P R_d Z k_0 \tag{2-15}$$

式中各个符号所表示的含义如前所述。

所以式（2-14）可表示为

$$J=\frac{\mathrm{d}a}{\mathrm{d}t}=\frac{\mathrm{d}^2v}{\mathrm{d}t}=\frac{i_g i_0 \eta_t}{r_d \delta m_s}\frac{\mathrm{d}M_m}{\mathrm{d}t}=\frac{\mu P R_d Z k_0}{\delta m_s}\frac{i_g i_0 \eta_t}{r_d}\frac{\mathrm{d}\lambda}{\mathrm{d}t} \tag{2-16}$$

式中：$\mathrm{d}\lambda/\mathrm{d}t$ 为拖拉机离合器的接合速度，其他各量均为拖拉机及其离合器的参数，是固定的量。因此，对拖拉机离合器的起步控制可以通过控制接合速度从而达到控制接合时冲击度的目的。

由式（2-16）可以看出，离合器在接合过程中的冲击度与拖拉机本身特性和离合器的具体参数及其接合速度有关，拖拉机和离合器的参数是特定的，所以对接合过程离合器产生的冲击度控制可以通过控制其接合速度来实现。

2.1.3.2 滑摩功

在离合器接合时，离合器的主、从动盘在压紧力的作用下发生相对运动，因而会产生发热及磨损，对离合器的工作和寿命产生重大影响。

在某一微小时间 $\mathrm{d}t$ 的滑摩功，等于摩擦转矩 M_m 和主、从动盘速度之差（$\omega_1-\omega_2$）及时间 $\mathrm{d}t$ 的乘积，即 $M_m(\omega_1-\omega_2)\mathrm{d}t$，故整个接合过程中的滑摩功 L 为

$$L=\int_0^{t_3} M_m(\omega_1-\omega_2)\mathrm{d}t \tag{2-17}$$

拖拉机离合器接合过程中滑摩功主要由以下两部分组成：①克服拖拉机行驶阻力所做的功；②离合器从动盘转速由零上升到与主动盘转速同步所做的功。其中，第二部分滑摩功可表示为

$$L'=\int_0^{t_3} M_m[\omega_1(t)-\omega_2(t)]\mathrm{d}t=\int_{t_1}^{t_2} M_m\omega_1(t)\mathrm{d}t+\int_{t_2}^{t_3} M_m[\omega_1(t)-\omega_2(t)]\mathrm{d}t \tag{2-18}$$

式中各个符号所表示的含义如前所述。

在对干式离合器进行发热校验时，假定离合器接合过程中的滑摩功全部转化为热能并被

离合器主动盘和从动盘吸收。假定热量被各摩擦副均分，之后将分得的热量按构造不同和材料性质分配给构成摩擦的各零件。根据假设可得

$$\Delta T=\frac{\alpha_1 L_h}{0.102C'G} \tag{2-19}$$

式中：ΔT 为被计算零件的温升（℃）；L_h 为一个接合过程中总的滑摩功（N・m）；C' 为被计算零件材料的比热值 [J/(N・℃)]；G 为被计算零件材料所受的重力（N）；α_1 为热量分配系数。

由式（2-19）可以看出，离合器温升低，则离合器的滑摩功要小，其使用寿命长。由式（2-12）可知，为减小滑摩功，应尽量缩短离合器工作过程中的主动盘与从动盘之间产生滑摩的时间，这就要求离合器的接合尽可能快。但是，根据式（2-16）对冲击度的分析，离合器的接合快会造成非常大的冲击度。所以，冲击度在合理范围的前提下应尽量减小离合器的滑摩功。

2.1.4 拖拉机离合器起步控制策略制定

为满足拖拉机 AMT 离合器起步工况的控制要求，拖拉机起步平稳冲击度小、滑摩时间短，能够正确反映拖拉机驾驶员的驾驶意图。如何制定一个合理有效的起步控制策略是离合器控制的难点。通过对离合器动力学的分析，要符合拖拉机起步要求，必须在保证离合器接合平稳的前提下，尽量减小接合过程中的滑摩功。

通过对离合器评价指标（冲击度和滑摩功）的分析，可以知道冲击度和滑摩功与离合器接合速度有重要的关联。所以，如何有效地控制离合器接合速度是整个控制系统的关键。对离合器接合速度进行合理的控制就要对影响其接合速度的各种因素进行分析。

2.1.4.1 影响离合器接合的主要因素

如何通过驾驶员起步意图及拖拉机的工况达到控制离合器的接合量（准确控制离合器的接合速度）成为 AMT 拖拉机离合器起步控制的关键问题。离合器在接合过程中要尽量控制其接合时间，使其在尽可能短的时间内完成接合，避免引起较大的冲击。对其接合速度的影响因素进行分析，确定影响起步工况下离合器接合速度的各个控制参数是非常重要的。

拖拉机发动机的转矩达到一定范围时离合器就开始接合，之后，随着离合器接合量（离合器行程）的增加主、从动盘之间的传递转矩也逐渐增大。当传递的转矩 M_m 克服拖拉机的阻力后，拖拉机离合器从动盘便开始随着主动盘转动，同时拖拉机开始起步前行。在拖拉机整个起步过程中，离合器的半接合点和同步点更容易产生冲击，在这两点及其附近位置都需要适当降低离合器接合速度。为此，AMT 离合器自动控制系统贴近优秀驾驶员的熟练操作应该是一种比较合理的控制方法。

（1）油门开度。拖拉机在起步工况下，速度快慢决定了离合器接合的快慢，其接合速度主要由油门开度及其变化率来决定。当拖拉机发动机刚刚开始运行时，驾驶员不需要踩油门踏板即油门开度 α 为零，离合器不接合；随着起步需要驾驶员踩下油门踏板，只有当$\alpha>\alpha_{min}$ 且发动机转速大于该油门开度下最大转矩时对应的转速，离合器才开始接合。此时，在离合器接合的过程中，油门开度及其变化率正比于离合器的接合速度。油门开度及其变化率的大小就可以用来表示驾驶员起步意图的快慢。

（2）发动机转速。发动机是拖拉机的动力源。根据发动机的特性，当其油门开度一定时，发动机的转速、输出转矩及其燃料消耗三者之间存在函数关系。在离合器的接合过程中，发动机转速变化率（转速变化的快慢）要经历从大到小而后再到负值这样一个变化过程。离合器在半接合点之前，发动机的输出转矩要远大于离合器的传递转矩，发动机的转速上升较快；随着传递转矩逐步增大，发动机转速变化率逐渐减缓；当传递转矩增大至大于发动机输出转矩时，发动机转速变化率为负值，转速开始降低。

（3）离合器主、从动盘转速比。拖拉机起步时，发动机的转速与离合器从动盘的转速相差较大，离合器的接合就有可能引起较大的冲击，滑摩功的损耗也比较大，应适当地减小接合速度；离合器的转速比（主、从动盘转速差与主动盘转速的比值）较小时，即使离合器较快地接合也不会产生较大的冲击；当转速比为零时，离合器完成接合，接合的速度对冲击度的大小几乎不会产生影响。因此，可以将转速比作为控制离合器接合快慢的条件。

（4）滑转率。拖拉机在田地作业中起步时，会因为地面附着条件而产生一定的滑转。因此，在拖拉机起步时，滑转率也将作为影响离合器接合速度的一个因素考虑。

油门开度作为拖拉机的外控输入量，可以用来判断驾驶员在不同工况下的起步意图。根据油门开度及其变化率能够判断驾驶员实现快速起步或者缓慢起步的意图。

离合器在接合过程中，其从动盘转速从零开始逐渐增大，在大于等于零点处为离合器的半接合点，半接合点是其接合控制过程中的关键点，此处接合速度应该降低，以尽量减小冲击度为控制目标；半接合点后，随着其接合量的不断增大，滑摩功成为控制过程中的主要控制目标，应该适当提高离合器的接合速度，使离合器滑摩时间尽量短，当其主动盘与从动盘转速达到一致后（同步），又要降低其接合速度，使冲击度控制在合理的范围。

综上可知，离合器的接合速度可以由油门开度、发动机转速及离合器主动盘和从动盘转速比来共同确定。

2.1.4.2 离合器最大接合速度

拖拉机工作环境恶劣，工况多变。考虑到农业生产中拖拉机的起步平稳性和驾驶员的舒适性，在离合器的起步接合中，冲击度应该控制在一定的范围之内。国内外一般取 $J_{\max} \leqslant [J]=10\ \mathrm{mm/s^3}$。将拖拉机离合器在滑摩阶段转矩看作线性增长，假设：

$$M_{\mathrm{m}}=\mu R_{\mathrm{d}} k_{\mathrm{c}} \lambda \tag{2-20}$$

则

$$\frac{\mathrm{d}M_{\mathrm{m}}}{\mathrm{d}t}=\mu R_{\mathrm{d}} k_{\mathrm{c}} \frac{\mathrm{d}\lambda}{\mathrm{d}t}=\mu R_{\mathrm{d}} k_{\mathrm{c}} V_{\mathrm{c}} \tag{2-21}$$

式中：k_{c} 为离合器压力曲线曲率；V_{c} 为离合器接合速度（mm/s）。

冲击度的计算公式为

$$J_{\max}=\frac{\mathrm{d}a}{\mathrm{d}t}=\frac{\mathrm{d}^2 v}{\mathrm{d}t^2}=\frac{i_{\mathrm{g}} i_0 \eta}{\delta G_{\mathrm{s}} r_{\mathrm{d}}} \frac{\mathrm{d}M_{\mathrm{m}}}{\mathrm{d}t}=\mu R_{\mathrm{d}} k_{\mathrm{c}} \frac{i_{\mathrm{g}} i_0 \eta}{\delta G_{\mathrm{s}} r_{\mathrm{d}}} V_{\mathrm{c}} \leqslant [J]=10\ \mathrm{mm/s^3} \tag{2-22}$$

将式（2-21）代入式（2-22）中，得

$$V_{\mathrm{cmax}} \leqslant \frac{J_{\max}}{\mu R_{\mathrm{d}} k_{\mathrm{c}}} \frac{\delta M_{\mathrm{a}} r_{\mathrm{d}}}{i_{\mathrm{g}} i_0 \eta} \tag{2-23}$$

为了得到拖拉机离合器的最大接合速度，需要获取最大的离合器压力曲线曲率 k_{c}。而

离合器压力曲线是变化的，对离合器的压力曲线求导得出压力曲线变化率 $k_{cmax}=1\,800$ N/mm，即可得出离合器的最大接合速 $V_{cmax}=20$ mm/s。

2.1.4.3 离合器起步接合控制策略

离合器从完全分离到平稳接合的过程中共经历三个阶段。这三个阶段离合器的释放行程 λ（即离合器接合的行程）与传递转矩之间的关系如图 2-4 所示，第Ⅰ阶段为无传递转矩阶段区，第Ⅱ阶段为转矩逐渐增长阶段区，第Ⅲ阶段为转矩不再增长阶段区。

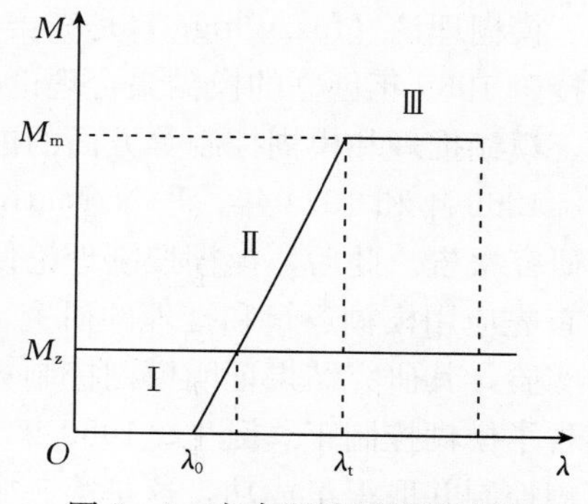

图 2-4 离合器转矩传递特性

第Ⅰ阶段 $[0, \lambda_0]$：在此过程中，离合器的主动盘和从动盘之间没有接触，处于分离状态，此时它们之间不会产生转矩传递。为了缩短起步所需时间，应该尽可能加快此阶段离合器的接合。

第Ⅱ阶段 $[\lambda_0, \lambda_t]$：此阶段离合器的主、从动盘已经开始接触，并且要逐渐达到同步拖拉机起步。在这个过程中，为使拖拉机平稳起步，要尽量放慢离合器的接合，以减少拖拉机传动系的冲击载荷。但为了防止在此过程中离合器主动盘和从动盘之间产生的滑摩时间过长而导致离合器发热，严重影响离合器的寿命，也应该控制此阶段使其在一定时间内完成。

在此阶段，又可以把离合器的接合过程划分为两个小阶段：离合器传递转矩 M_m 未克服行驶阻力阶段和离合器传递转矩 M_m 超过行驶阻力阶段。前一阶段由于行驶阻力的存在，离合器传递转矩 M_m 没有达到起步要求，拖拉机未起步，此时冲击度为零。在该阶段，要保证拖拉机在不熄火的前提下控制发动机的转速尽可能小，可以有效减小滑摩功。另外，可以使离合器尽快接合，减少接合时间。第二阶段离合器既产生冲击又产生滑摩，是控制的关键部分。

第Ⅲ阶段：此时离合器主动盘和从动盘已经达到同步，它们之间不再产生滑摩，对离合器的接合过程的品质已经不会产生影响。因此，应该尽可能使离合器快速接合。

对 AMT 拖拉机离合器起步时的控制，在第Ⅰ阶段和第Ⅲ阶段应使其接合较快，而在第Ⅱ阶段应使其较慢接合，即采用"快—慢—快"的控制方式。对于 AMT 拖拉机离合器的控制而言，这种方式是一种较为理想的控制方式，能够有效体现 AMT 拖拉机在起步工况下的离合器接合规律。

2.2 离合器起步模糊控制策略

模糊控制理论主要以实践经验和描述，采取适当的方法达到控制复杂过程的目的，不需要用精确的数学模型去描述系统的动态过程。AMT 离合器模糊控制器的设计，对影响离合器接合速度的各个输入变量用模糊控制语言表达，根据熟练驾驶员的实际经验建立相应的模糊控制规则。在离合器接合控制过程中，利用专家的经验和知识，模拟熟练驾驶员在拖拉机起步过程中对离合器的控制过程。其控制策略不依靠固定的数学模型，采用模糊控制理论能够解决离合器起步过程中时变、非线性、多工况的问题。

2.2.1 模糊控制理论

2.2.1.1 模糊控制的发展及特点

模糊理论（fuzzy logic）是在美国加利福尼亚大学伯克利分校电气工程系的 L. A. Zadeh 教授于 1965 年创立的模糊集合理论的基础上发展起来的，主要包括模糊集合理论、模糊逻辑、模糊推理和模糊控制等方面的内容。

1966 年和 1974 年，P. N. Marinos 和 L. A. Zadeh 先后发表了模糊逻辑和模糊推理这两个研究报告。此后，模糊控制理论便成为热门的研究课题。1974 年，英国的 E. H. Mamdani 首先应用模糊逻辑和推理的研究方法对蒸汽机进行控制，成为世界第一个进行模糊控制的实验，其研究结果证明模糊控制算法比传统数字控制算法具有更好的效果，这个实验研究宣告了模糊控制正式诞生。1980 年，丹麦的 Ostergard. L 和 P. Holmblad 在水泥窑炉上采用模糊控制并取得了成功，这是第一个商业化的有实际意义的模糊控制器。

模糊控制在使用过程中有以下特点：

(1) 模糊控制不需要被控对象的数学模型，而是以人对被控对象的控制经验为依据设计控制器，故无须知道被控对象的精准数学模型。

(2) 模糊控制是一种能够反映人类智慧的智能控制方法。其采用人类思维中的模糊量，如“长”“短”“轻”“重”等，控制量由模糊推理导出。这些模糊控制量和模糊推理是人类智能活动的体现。

(3) 模糊控制很容易被人们所接受。控制规则是模糊控制理论的核心，模糊规则是用人类的语言来表达的，如“他学习很好，则他就是个好学生”，人们很容易理解和接受。

(4) 模糊控制系统非常容易构造。

2.2.1.2 模糊控制原理

模糊控制实质上是用计算机去执行操作人员的控制策略，其建立在人们经验的基础上，可以避开对象复杂的系统的数学模型。对于熟练的操作人员，往往凭借其丰富的实践经验，进而可以采用简单的方法控制一个非常复杂的过程。如果能将各个行业熟练的操作员的这些实践经验进行总结、归类和描述，最终用与之相关的语言把它们表达出来，就会得到一种定性的不精确的控制规则。若用数学模型将其定性的量化转化成模糊控制算法，就形成模糊控制理论。

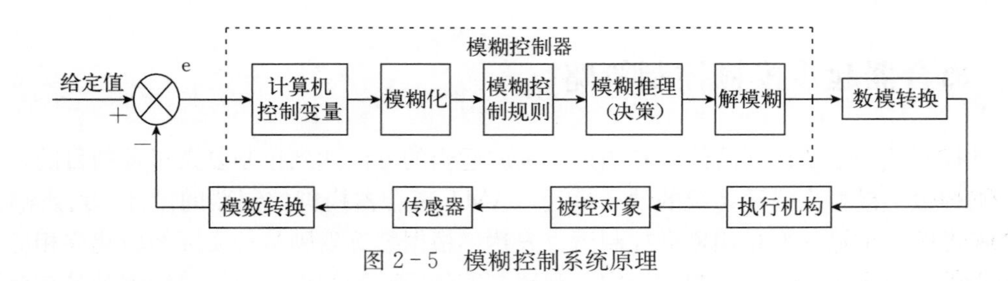

图 2-5 模糊控制系统原理

模糊控制过程通常可以概括为 4 个步骤：

(1) 根据系统所需选择系统的输入变量。

（2）将输入量的精确值进行模糊化处理。

（3）根据模糊量和模糊控制规则，运用模糊推理计算出输出模糊量。

（4）将输出量进行解模糊化，然后应用于整个系统。

2.2.1.3 模糊化方法

在模糊应用中，输入量通常是一定范围内精确的值，模糊控制中系统的操作是在模糊集合的基础上实现，必须对输入量进行模糊化处理。

模糊化思想主要为实现模糊控制奠定基础，以一个模糊语言的数值域映射到语言域，在数值测量的基础上，将数值域的数值信号映射到语言域。

目前常用的方法主要有线性方法、非线性方法、语义关系生成法和训练法四种。

2.2.1.4 精确化方法

在模糊控制中，控制系统执行机构需要用确定的值来控制，其控制信号是精确的量，但是经过模糊推理的输出量是模糊元素的集合，所以，必须通过精确化的处理，以便用来控制系统中的被控对象。常用解模糊化的方法有最大隶属函数法、重心法、加权平均法等。

（1）最大隶属函数法。最大隶属函数法简单地将所有模糊控制规则的推理结果的模糊集中最大的那个元素作为输出值，即 $v^{\circ}=\max\mu_v(v)$，$v\in V$。

其突出优点是计算简单，因此在一些对控制要求不精确的场所，最大隶属函数法的使用非常方便。

（2）重心法。采用隶属函数的曲线和横坐标轴所围成的面积重心作为模糊推理最终输出值的方法称为重心法，即

$$v^{\circ}=\frac{\int_v v\mu_v(v)\mathrm{d}v}{\int_v \mu_v(v)\mathrm{d}v} \tag{2-24}$$

对于具有 m 个输入量化级数的离散论域的情况为

$$v^{\circ}=\frac{\sum_{k=1}^{m} v_k\mu_k(v_k)}{\sum_{k=1}^{m}\mu_k(v_k)} \tag{2-25}$$

与最大隶属函数法相比，重心法输出的推理控制更加平滑。

（3）加权平均法。这种比较适合输出模糊集的隶属函数是对称的情况，其计算公式为

$$z^{*}=\frac{\sum \mu c_{\mathrm{j}}(w_{\mathrm{j}})\cdot w_{\mathrm{j}}}{\sum \mu c_{\mathrm{j}}(w_{\mathrm{j}})} \tag{2-26}$$

式中：w_{j} 和 $\mu c_{\mathrm{j}}(w_{\mathrm{j}})$ 分别表示对称隶属函数的质心和隶属度值。

（4）中位数法。中位数法是把隶属函数所表示的曲线与横坐标轴所围成的这部分区域划分为两部分，当两部分相等时，将这两部分分界点处所对应的论域的元素作为输出结果。

设模糊理论的输出为模糊量 c，如果存在 u^{*}，并且

$$\sum_{u_{\min}}^{u^{*}}\mu_c(u)=\sum_{u^{*}}^{u_{\max}}\mu_c(u) \tag{2-27}$$

此时就取 u^* 为去模糊后的精确值。

2.2.1.5 模糊控制规则及控制方法

确定隶属函数事实上是人们对客观事物进行定性的描述，本质上这种描述是客观的。在模糊理论研究中，研究对象也具有一定的模糊性和经验性，不同的人对同一事物的模糊的认知和理解不尽相同，因此，确定隶属函数时存在着主观性。

尽管隶属函数确定的方法具有主观因素，但主观反映与客观存在之间是有一定联系的，受到客观的制约。因此，确定隶属函数要遵守以下原则：

（1）隶属函数的表达必须是凸模糊集合。

（2）变量所选取的隶属函数在通常的情况下应该是对称的和平衡的。

（3）隶属函数的选取需要符合人们在日常生活中正常使用的语义顺序，避免不必要的重叠。

模糊控制规则是对系统的控制经验的总结，是设计模糊控制器的重要依据，直接影响控制系统的质量。因此，合理、科学的模糊控制规则是至关重要的。

模糊控制规则一般有四种生成方法：①经验归纳法；②根据过程的模糊模型生成模糊规则；③根据对手工操作系统的观察和测量生成模糊规则；④根据学习方法生成模糊规则。

模糊规则一般用 if…then…或 if…and…then…结构的语句来表示。前面是系统应满足的条件，后面是在满足前面条件的基础上得到的结论。在模糊控制系统中，所有的模糊控制规则即为满足模糊条件的所有语句的总和。

2.2.2 AMT 拖拉机离合器模糊控制器设计

通过分析，离合器的接合行程 λ 的大小变化可以反映离合器的传递转矩，但在实际使用过程中，离合器会产生磨损、温升、变形等，一旦其改变会使离合器行程传感器位置发生变动或其行程信号发生漂移，很难达到以离合器的接合行程来控制离合器的目的。采用离合器接合速度作为拖拉机控制系统输出参数可以有效地避免这个问题。拖拉机起步时，软湿地面的附着力较小会导致车轮产生滑转，因此也将滑转率作为一个辅助输入量来共同控制拖拉机离合器的接合速度。采用主、从动盘转速比信号作为输入参数来实现对拖拉机离合器接合速度的控制。转速比信号的变化不仅能反映离合器接合过程中所产生的冲击和滑摩情况，还能综合反映各因素的变化对离合器接合过程的影响，具有一定的适应性。

依据优秀拖拉机驾驶员的操作经验（起步时熟练操纵手动变速器）总结得出的规律，制定如下控制策略：

（1）在拖拉机离合器接合前，可以根据油门开度及其变化率的大小来判断拖拉机驾驶员在此条件下的起步意图。

（2）单凭起步意图很难精确控制离合器的接合速度，应结合离合器主、从动盘转速比和起步意图来共同控制接合速度。

（3）拖拉机在不同路面条件下起步，特别是软土地面车轮容易打滑，也将滑转率作为一个系统输入条件与起步意图和主、从动盘转速比一同来控制离合器接合速度。

依据拖拉机离合器的控制策略，确定离合器模糊控制器结构，如图 2-6 所示。第一步，油门开度及其变化率经过模糊化处理和模糊推理后输出为驾驶员起步意图；第二步，离合器的主、从动盘转速比及滑转率再结合第一步的输出（驾驶员起步意图），经过模糊化处理和模糊推理后的输出即为离合器的接合速度。

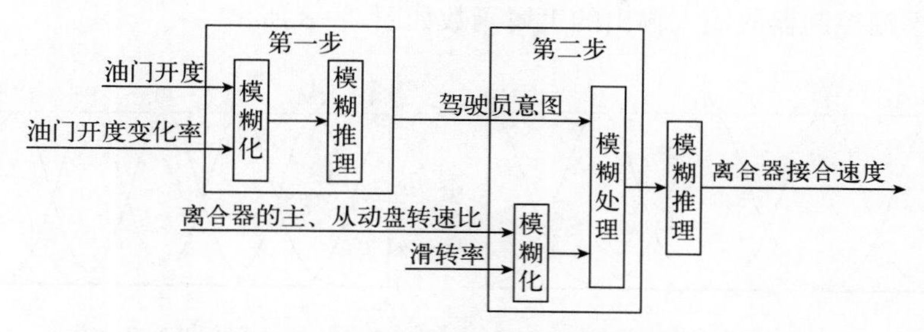

图 2-6　拖拉机离合器模糊控制系统

2.2.2.1　驾驶员起步意图模糊控制器

拖拉机起步时，驾驶员会根据不同的工况和外部的工作环境信息决定起步的快慢。这些信息在 AMT 拖拉机上最终反映到油门踏板。因此，驾驶员起步意图通常由两个量来判断。一是油门开度。油门开度越大，发动机转速越高，表明驾驶员想要快速起步，尽管拖拉机会产生较大的冲击，也应尽快完成拖拉机的起步；反之，油门开度小，发动机转速低，表明驾驶员希望起步平稳，此时应该缓慢接合以保证起步的平稳。二是油门开度变化率。变化率也是反映驾驶员起步意图的重要参数。变化率越大，说明越想较快起步；反之，则希望起步平稳缓慢。

起步意图的判断是通过油门开度及其变化率两个信息共同决定的。起步意图模糊控制器采用双输入单输出的结构，如图 2-7 所示。控制器输入为油门开度和油门开度变化率，控制器输出为起步意图。

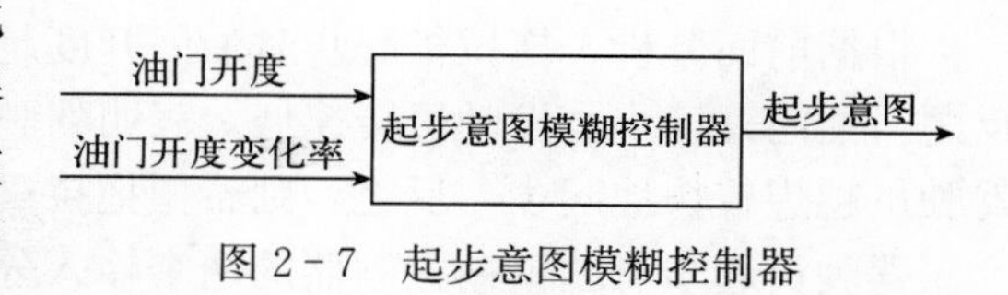

图 2-7　起步意图模糊控制器

选择油门开度 α 模糊语言的变量为 E、油门开度变化率 $\dot{\alpha}$ 的模糊语言的变量为 EC。起步意图控制量 Intention 的模糊语言变量为 U。

设定油门开度的语言变量 E 的基本论域为［0，1］，选取 E 的论域［0，1，2，3，4，5，6，7，8］。并将其量化为 5 个等级｛0，2，4，6，8｝；设定油门开度变化率模糊语言变量 EC 的基本论域为［−3，3］，选取 EC 的论域为［−6，−5，−4，−3，−2，−1，0，1，2，3，4，5，6］，并将其量化为 7 个等级｛−6，−4，−2，0，2，4，6｝；输出模糊语言变量 U 的模糊论域［0，1，2，3，4，5，6］，并将其量化为 5 个等级｛0，1.5，3，4.5，6｝。

设定油门开度 E 的语言值集合为｛很小（VS），小（S），中（M），大（B），很大（VB）｝，设定油门开度变化率 EC 的语言值集合为｛特小（NB），很小（NM），小（NS），零（O），大（PS），很大（PM），特大（PB）｝，设输出模糊语言变量 U 的语言值集合为｛很慢（VS），慢（S），中（M），快（B），很快（VB）｝。

常用的隶属函数有多种，但离合器的接合要求其尽可能地平稳。高斯函数可以有很好的灵活性，而且其图形的变化平缓，控制稳定性较好。因此，采用高斯函数作为控制变量的隶

属函数，其表达式为

$$\mu_{A}(x)=e^{-\left(\frac{x-a}{b}\right)^{2}} \tag{2-28}$$

起步意图模糊控制器的输入输出的隶属函数如图 2-8 所示。

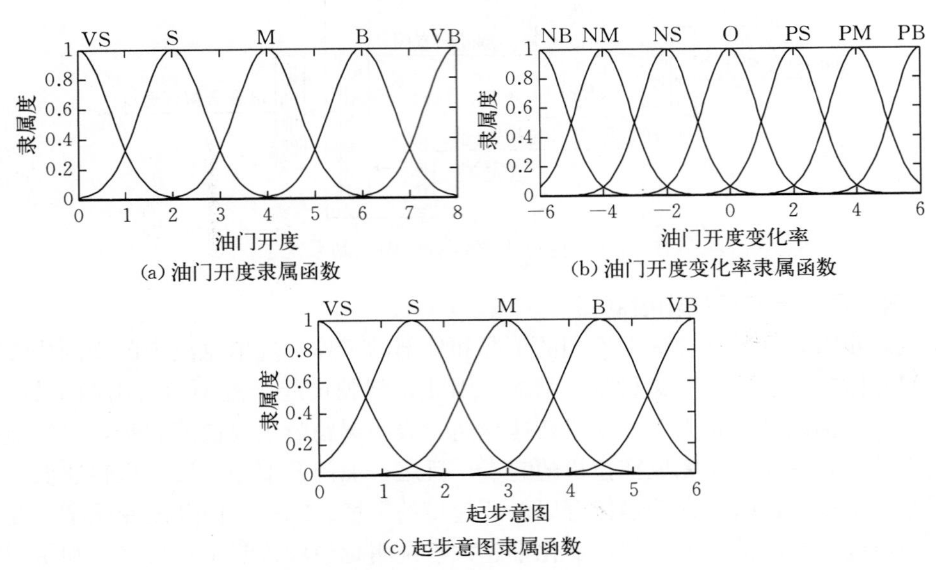

图 2-8　各输入参数隶属函数

根据前面分析，拖拉机起步时油门开度越大，发动机转速越高，表明驾驶员急于起步；反之，油门开度小，发动机转速低，表明驾驶员希望起步平稳。油门开度变化率越大，说明驾驶员越想较快地起步，反之，则希望拖拉机起步平稳缓慢。

驾驶员起步意图模糊控制器的两个输入分别有 5 和 7 个语言集合，因此共有模糊控制规则 35 条。以优秀驾驶员的经验为依据，利用模糊控制原理得到的模糊控制规则如表 2-2 所示。

表 2-2　驾驶员控制规则

油门开度变化率 \ 起步意图 \ 油门开度	VS	S	M	B	VB
NB	VS	VS	VS	VS	VS
NM	VS	VS	VS	S	S
NS	VS	S	S	M	M
O	VS	S	M	B	VB
PS	S	M	B	VB	VB
PM	M	B	B	VB	VB
PB	B	B	VB	VB	VB

在 Matlab 中运行 Fuzzy 建立模糊控制器，并运用 gensurf 函数运行此模糊控制器即可

得到如图2-9所示的起步意图的三维图形。

由图2-9可看出，随着油门开度及其变化率的增大，驾驶员的起步意图也呈增加趋势。该变化符合拖拉机起步时驾驶员的实际操作，是正确合理的。

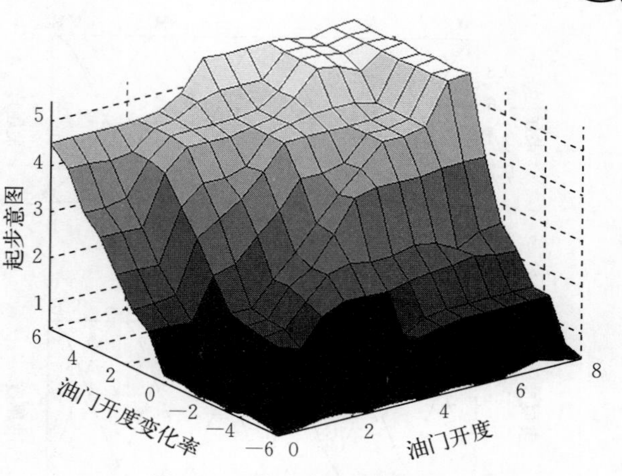

图2-9 起步意图控制规律

2.2.2.2 离合器接合速度模糊控制器

拖拉机起步意图模糊控制器能够准确模仿驾驶员的起步意图，但并不能准确反映离合器的接合速度。因此，要与其他影响离合器接合速度的量来共同控制接合速度。离合器主动盘与从动盘的转速比［用$r=(\omega_1/\omega_2)\omega_1$表示］可以有效地表达起步时离合器的接合速度，同时拖拉机工作环境恶劣，特别是在湿软的地面上工作时，容易造成拖拉机车轮的打滑，影响起步性能。因此，在研究离合器接合规律时，用起步意图、离合器主动盘与从动盘的转速比和滑转率来共同控制其起步时的接合速度。模糊控制器结构如图2-10所示，为三个输入单输出结构，其三个输入分别为离合器的主从动盘的转速比、滑转率及驾驶员起步意图，输出为离合器的接合速度。

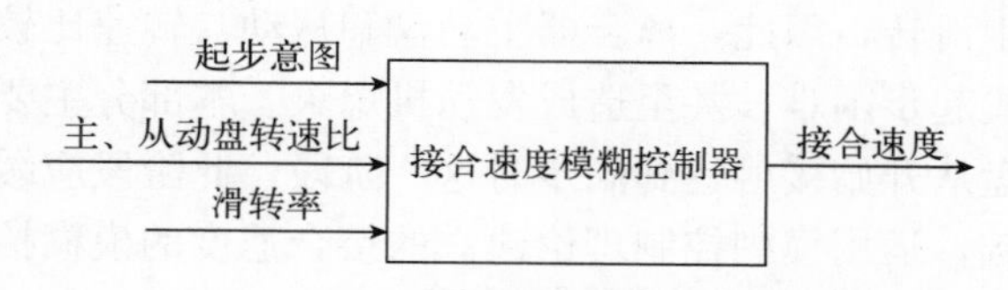

图2-10 接合速度模糊控制器结构

离合器开始接合时，从动盘转速逐渐增大，直到与主动盘转速同步，转速比将从1降低至零。基本论域取［0，1］，论域为［0，1，2，3，4，5，6］，量化因子为6，其模糊语言变量和对应的模糊子集为｛很小（VS），小（S），中（M），大（B），很大（VB）｝。

选取滑转率S的基本论域为［0，6］，取其论域为［0，1，2，3，4，5，6］，量化因子为1，其模糊语言变量和对应的模糊子集分别取｛很小（VS），小（S），较小（LS），中（M），较大（LB），大（B），很大（VB）｝。

通过前面对离合器接合的分析可知，其接合过程中的最大接合速度是根据最大冲击度小于额定冲击度的值得到的，即在较大接合速度的前提下保证拖拉机起步的平稳性。但在实际工况下作业，遇到紧急情况（如陷于淤泥、停在坑里等）时，驾驶员希望瞬时起步，要求离合器在尽可能短的时间内接合，此时冲击度较大。

取接合速度基本论域为［0，20］，论域为［0，1，2，3，4，5，6］，量化因子为3.33；模糊语言变量和对应的模糊子集分别取｛很慢（VS），慢（S），中（M），快（B），很快（VB）｝。

采用高斯函数作为隶属函数，可得到接合速度意图模糊控制器的输入输出隶属函数，如图2-11所示。

根据前面的分析，拖拉机离合器的接合速度模糊控制器采用三输入单输出结构，起步时其接合速度应满足制定的“快—慢—快”的接合控制方案。在接合过程中，离合器接合速度的快慢主要随着控制器输入量的变化而改变。拖拉机工况复杂，尤其在湿软地面上作业时易

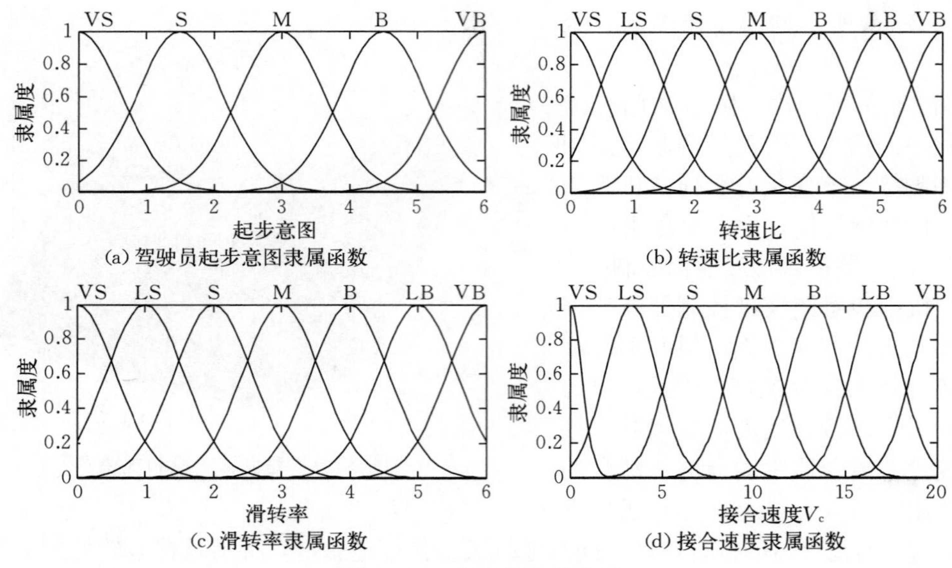

图 2-11　各隶属函数曲线

产生滑转，因此，离合器主动盘和从动盘转速比较小时，滑转率较大、接合过快就会使得拖拉机起步困难，甚至造成发动机熄火。本部分主要针对离合器接合过程中离合器主动盘和从动盘从开始接触达到同步时这一阶段，此阶段应缓慢接合。本文以优秀驾驶员的实践操作为基础，运用模糊控制理论建立的接合速度的模糊控制规则如表 2-3 所示。

表 2-3　不同起步意图对应的接合速度控制规则

起步意图	滑转率 S	离合器接合速度						
		VS[①]	S	LS	M	LB	B	VB
VS	VS	VS	VS	VS	VS	VS	VS	VS
	S	S	VS	VS	VS	VS	VS	VS
	LS	S	S	VS	VS	VS	VS	VS
	M	S	S	S	S	VS	VS	VS
	LB	LS	LS	S	S	S	VS	VS
	B	LS	LS	LS	LS	S	S	S
	VB	LS	LS	LS	LS	LS	LS	LS
S	VS	S	S	S	S	S	S	S
	S	LS	S	S	S	S	S	S
	LS	LS	LS	S	S	S	S	S
	M	LS	LS	LS	LS	S	S	S
	LB	M	M	LS	LS	LS	S	S
	B	M	M	M	M	LS	LS	LS
	VB	M	M	M	M	M	M	M

（续）

起步意图	滑转率 S	离合器接合速度						
		VS[①]	S	LS	M	LB	B	VB
M	VS	LS	LS	LS	LS	LS	LS	LS
	S	M	LS	LS	LS	LS	LS	LS
	LS	M	M	LS	LS	LS	LS	LS
	M	M	M	M	M	LS	LS	LS
	LB	LB	LB	M	M	M	M	M
	B	LB	LB	LB	LB	M	M	M
	VB	LB	LB	LB	LB	LB	LB	M
B	VS	M	M	M	M	M	M	M
	S	LB	M	M	M	M	M	M
	LS	LB	LB	M	M	M	M	M
	M	M	M	M	M	B	B	B
	LB	B	B	LB	LB	LB	M	M
	B	B	B	B	B	LB	LB	LB
	VB	B	B	B	B	B	B	B
VB	VS	LB	LB	LB	LB	LB	LB	LB
	S	B	LB	LB	LB	LB	LB	LB
	LS	B	B	LB	LB	LB	LB	LB
	M	B	B	B	B	LB	LB	LB
	LB	VB	VB	B	B	B	LB	LB
	B	VB	VB	VB	VB	B	B	B
	VB	VB	VB	VB	VB	VB	VB	VB

① 此行为离合器主动盘和从动盘的转速比。

在 Matlab 中运行 Fuzzy 建立模糊控制器，并运用 gensurf 函数运行此模糊控制器即可得到图 2－12 至图 2－14 所示的接合速度三维图形。

从图 2－12 可看出，随着离合器主、从动盘转速比和驾驶员的起步意图的增加，离合器的接合速度也增加。这种变化符合拖拉机起步时驾驶员的实际操作，是正确合理的。

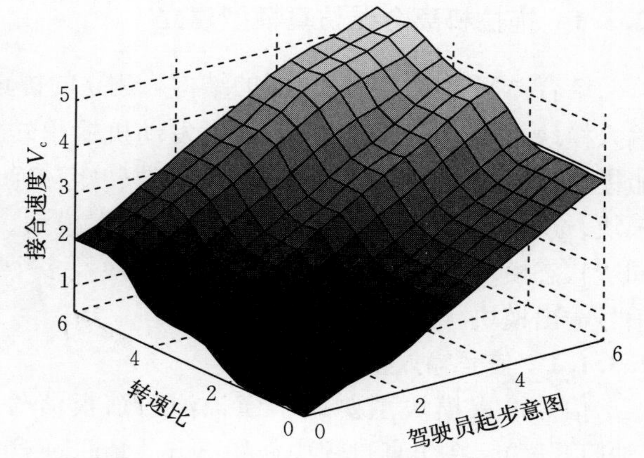

图 2－12 离合器接合速度、转速比、驾驶员起步意图控制规律

从图 2－13 可看出，当滑转率一定时，随着离合器主、从动盘转速比增加，离合器的接合速度也呈增加趋势。这种变

化符合拖拉机起步时驾驶员的实际操作，是正确合理的。

从图 2-14 可看出，当滑转率保持不变时，随着驾驶员起步意图值的增加，离合器的接合速度也增加。这种变化符合拖拉机起步时驾驶员的实际操作，是正确合理的。

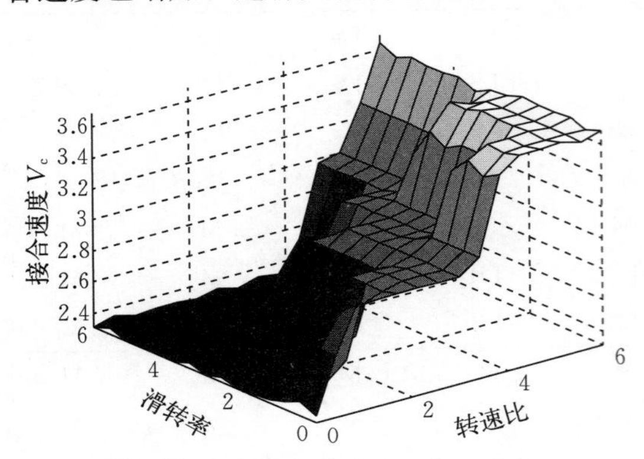

图 2-13 离合器接合速度、转速比、滑转率控制规律

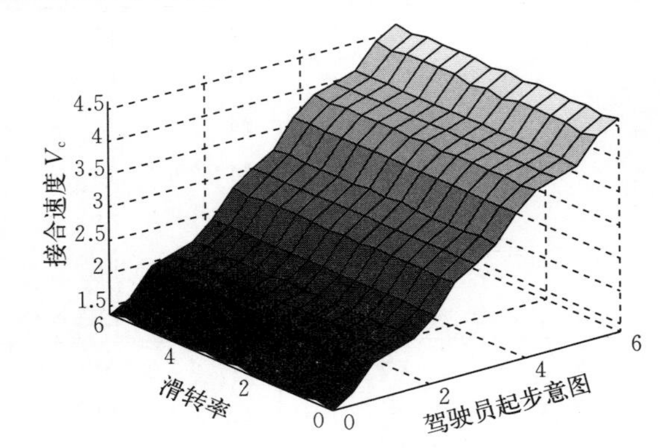

图 2-14 离合器接合速度、滑转率、驾驶员起步意图控制规律

上述模糊判断规则表中，起步意图和接合速度均没有负值，这是因为在本文的研究中没有考虑驾驶员突然想要中止起步这一情况。当驾驶员需要中断拖拉机起步时，可以用油门开度变化率为较大的负值来表示，此时应该分离离合器。

2.3 离合器接合过程仿真分析

在运用模糊控制原理的基础上，以优秀驾驶员在拖拉机起步时的实际操作为依据，制定模糊控制规则，设计出 AMT 拖拉机离合器接合模糊控制器。本章针对所制定的接合规律是否正确和可行性等问题，利用 Matlab/Simulink 建立拖拉机离合器的仿真模型，仿真验证 AMT 拖拉机离合器自动接合控制规律的正确性与可行性。

2.3.1 拖拉机离合器仿真模型建立

结合 AMT 拖拉机离合器的结构，建立的仿真模型应该主要由以下几个模块组成：信号输入模块（发动机信号的输入）、发动机输出转矩模块、离合器模糊控制模块、离合器转矩传递模块、逻辑触发信号判断模块、滑摩状态模块、同步状态模块、冲击度模块、滑摩功模块及多个信号输出模块。

2.3.1.1 信号输入模块

信号输入模块主要用于模拟油门踏板信号（油门开度）。在仿真过程中使用 Signal Builder 产生，如图 2-15 所示。信号输入模块的输出端分别连接到发动机转矩输出模块和离合器模糊控制模

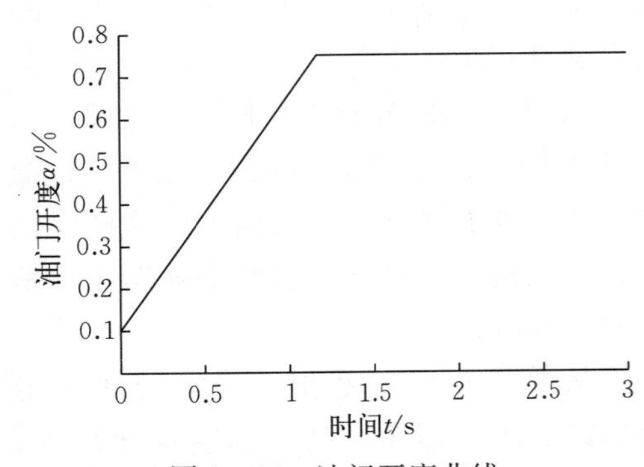

图 2-15 油门开度曲线

块。信号输入模块可以根据不同的起步需求任意改变整个仿真系统的输入信号（油门的开度及其变化率），从而可以达到模拟驾驶员起步意图的目的（缓慢起步、正常起步、快速起步）。

2.3.1.2 发动机输出转矩模块

发动机是拖拉机的动力源，其工作过程是一个复杂的过程，运行机理非常复杂，难以用精确的表达式来准确描述其运动状态，其通过输出转矩来为拖拉机提供前进的动力。发动机仿真模型是拖拉机机组整个动力传动系统仿真模型的基础，建立拖拉机发动机仿真模型的目的就是要根据拖拉机机组作业运行状况来得出相对应的输出转矩。拖拉机作业工况极其复杂，发动机的工作过程受不同工况下的负荷、转速及发动机的点火时刻、燃油供给等因素的影响，要想建立精确的发动机仿真模型异常困难。为此，本文在满足拖拉机机组仿真要求的前提下，用发动机部分特性的仿真模型来表示拖拉机发动机仿真模型。

拖拉机发动机特性曲线用来表征发动机的运行性能和运行状态，它是利用发动机台架试验的试验数据，通过适当的处理后得到的。根据相关知识可知，发动机的转矩特性是关于发动机转速 n_e 和油门开度 α 的函数，即 $M_e=f(n_e, \alpha)$。拖拉机发动机稳态转矩特性的试验数据见表 2-4。在实际作业中，拖拉机发动机需要安装发电机、水泵及风扇等设备，其实际使用功率会小于表中的试验数据。一般情况下，发动机外特性的最大功率比使用外特性的最大功率大约 15%。

表 2-4 发动机在不同转速和不同油门开度时的转矩

转速 n_e/(r/min)	转矩 M_e/(N·m)							
	α=30%	40%	50%	60%	70%	80%	95%	100%
0	390	390	390	390	390	390	390	390
1 000	442	442	442	442	442	442	442	442
1 200	486.6	486.6	486.6	486.6	486.6	486.6	486.6	486.6
1 400	295	515	515	515	515	515	515	515
1 600		158	462	523	523	523	523	523
1 800			20	477	510.6	510.6	510.6	510.6
2 000				37	190	484	484	484
2 200						52	452.5	452.5
2 400							68	220

根据以上发动机的特性，采用 Matlab/Simulink 软件所提供的 Look-Up Table 仿真模块对拖拉机发动机的实验数据经过插值拟合后计算得到输出转矩和耗油量。该方法计算精确、速度快，能够满足仿真需求。

图 2-16 为拖拉机发动机的仿真模型，发动机模型的输入端为发动机油门开度信号 throttle 和转速 n_e，用双线性插值拟合后可分别得到拖拉机发动机的输出转矩 M_e。考虑到转矩的影响，需要乘以一定的系数作为调整，用 Gain 模块表示。

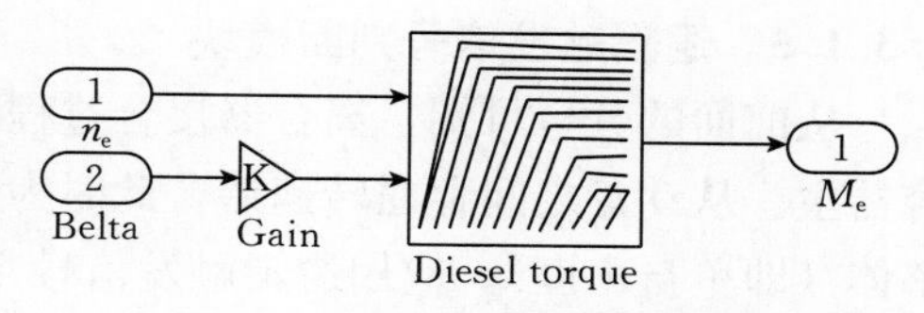

图 2-16 发动机转矩计算模块

2.3.1.3 离合器模糊控制模块

离合器模糊控制模块的Simulink模型如图2-17所示，主要包括拖拉机驾驶员起步意图模糊控制器、接合速度模糊控制器及碟形弹簧数学模型。

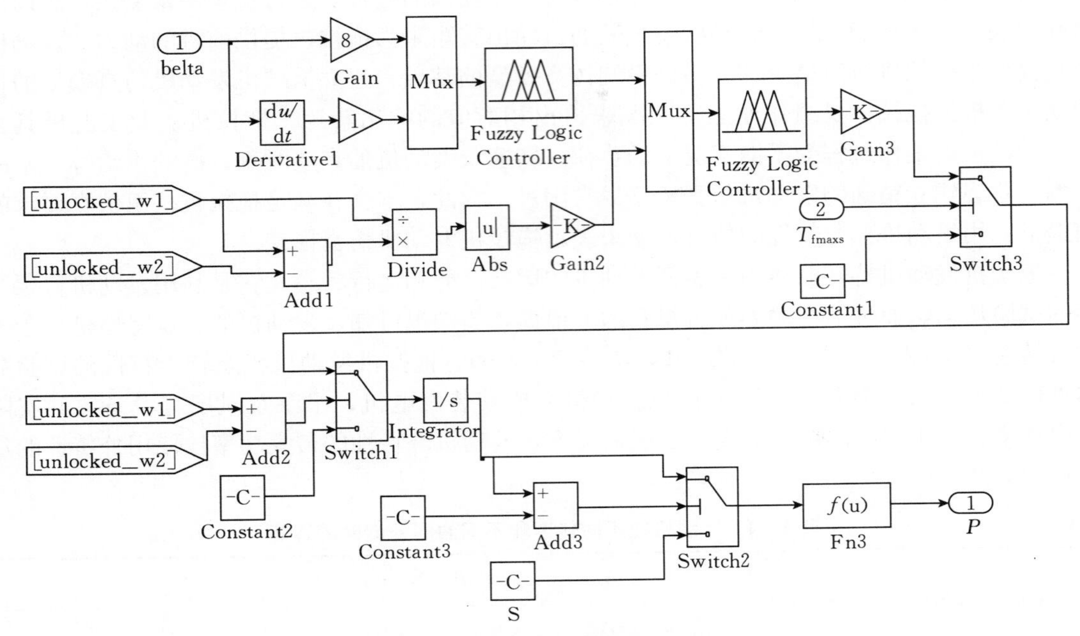

图2-17 离合器模糊控制器

控制模块的具体实施方法：油门开度信号和油门开度变化率信号（油门开度的大小经过微分）作为驾驶员起步意图的输入信号，经过模糊控制器，输出为驾驶意图。驾驶员的起步意图同离合器主、从动盘的转速比及滑转率S共同作为接合速度控制器的输入，输出结果为接合速度。得到的接合速度经过积分后为离合器的接合位移，然后根据碟形弹簧的特性曲线方程式，产生压紧力（即手动离合器的离合器脚踏板力）控制离合器的接合。

图2-17中有三个Switch模块，Switch1用来判断离合器是否开始接触，Switch2用来判断离合器是否达到同步，Switch3用来判断离合器是否达到最大位移。

2.3.1.4 离合器传递转矩模块

通过对拖拉机离合器使用过程中传递转矩分析，在离合器达到同步时，主、从动盘之间存在着静摩擦力，它们之间的传递转矩称为最大静摩擦转矩T_{fmaxs}。根据经验值，一般最大静摩擦转矩T_{fmaxs}取动摩擦转矩T_{fmaxk}的1.25倍。仿真模型如图2-18所示。

2.3.1.5 逻辑触发信号判断模块

从前面的分析可知，离合器接合过程存在着滑摩和同步两种不同的状态。在滑摩状态离合器主、从动盘之间存在转速差，此时为两自由度；当同步后主、从动盘速度达到一致成为整体（即单自由度）。应用逻辑触发信号判断模块的目的就是用来判断离合器究竟处于哪一种状态。其关键部分为图2-18中产生的Lock信号和Unlock信号。

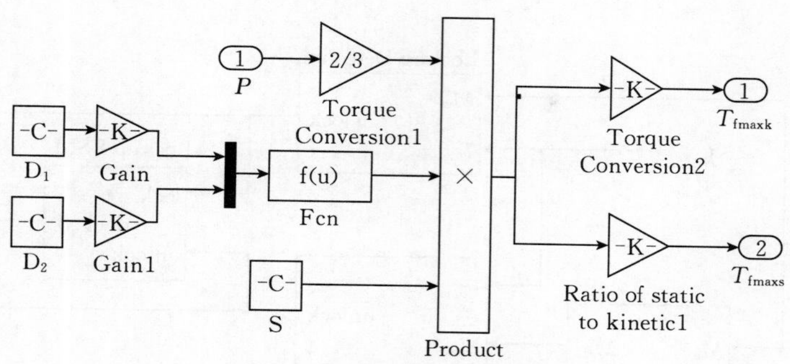

图 2-18　离合器传递转矩模块

逻辑触发信号判断模块的模型如图 2-19 所示。发动机的转速大于离合器从动盘的转速，同时离合器的实际传递的转矩 $M_m < T_{fmaxs}$（离合器传递的最大静摩擦力矩）时，其信号为“真”(其值为1)，否则取其信号为“假”(其值为0)，用Lock代表；当发动机的转速比离合器从动盘的转速小或者离合器的实际传递的转矩 $M_m > T_{fmaxs}$（离合器传递的最大静摩擦力矩）时，其信号为“真”(其值为1)，否则为“假”(其值为0)，用Unlock代表。具体的状态判断方法如图 2-19 所示。

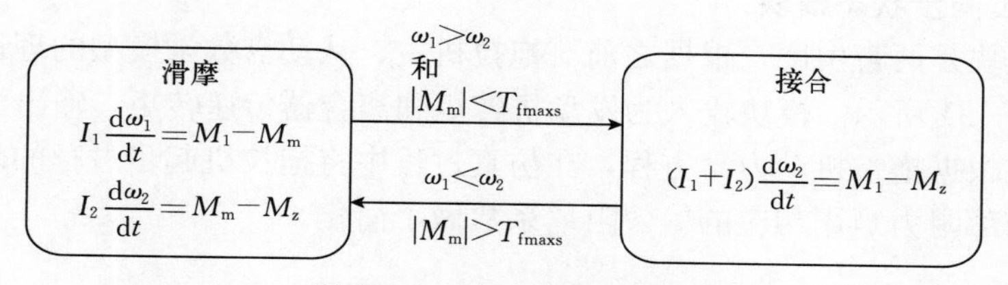

图 2-19　离合器状态判断

离合器的状态逻辑真值如表 2-5 所示。逻辑触发信号判断模块（图 2-20）所产生的信号（locked）只有“0”和“1”两种状态，其输出连接同步状态模块和滑摩状态模块。其中，输出为“0”时表示完全接合，用来触发同步状态模块；输出为“1”时表示开始接合，用于触发滑摩状态模块。

表 2-5　状态逻辑真值

Lock	Unlock	History	Locked
0	0	0	0
0	0	1	1
0	1	0	0
0	1	1	0
1	0	0	1
1	0	1	1
1	1	0	1
1	1	1	0

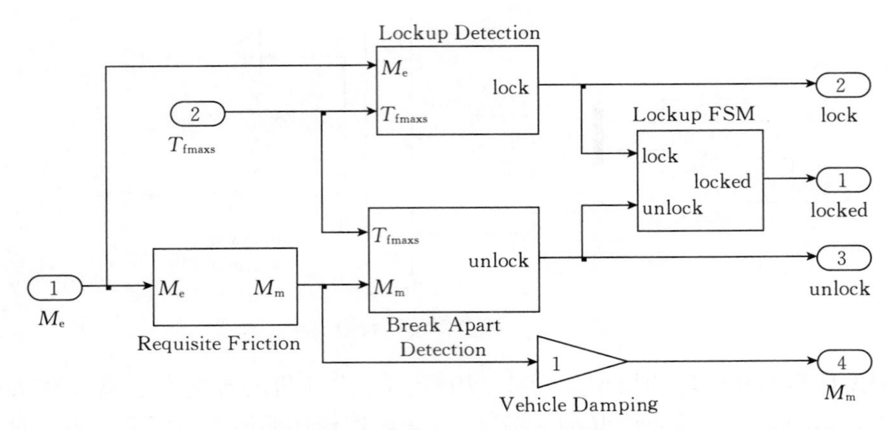

图 2-20 逻辑触发信号判断模块

逻辑状态模块输出连接的是离合器的滑摩状态模块和同步状态模块应用使能子系统，外部输入是与逻辑非门连接，经过逻辑非门的判断从而控制子系统（离合器处于同步状态还是滑摩状态）的工作。

2.3.1.6 滑摩及同步状态模块

滑摩状态模块是两自由度，根据之前对拖拉机主、从动盘数学模型的理论分析建立起仿真模型，如图 2-21 所示。模块输入为发动机转矩和离合器传递转矩，输出为离合器主动盘和从动盘转速。根据拖拉机动力学方程，在仿真过程中将拖拉机起步过程的外部阻力矩和内部旋转产生的内部阻力矩用相应的等效阻尼系数做了简化。

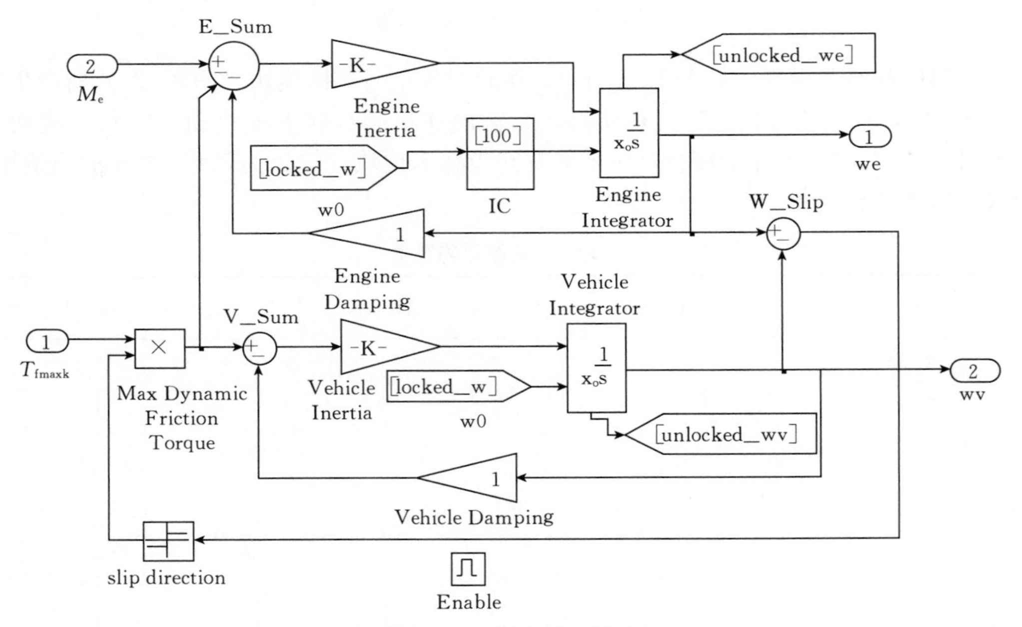

图 2-21 滑摩状态模块

同步状态模块是指当离合器完全接合后，离合器主、从动盘的转速相同。此时，发动机的输出转矩与离合器的传递转矩也相同。模型如图 2-22 所示。

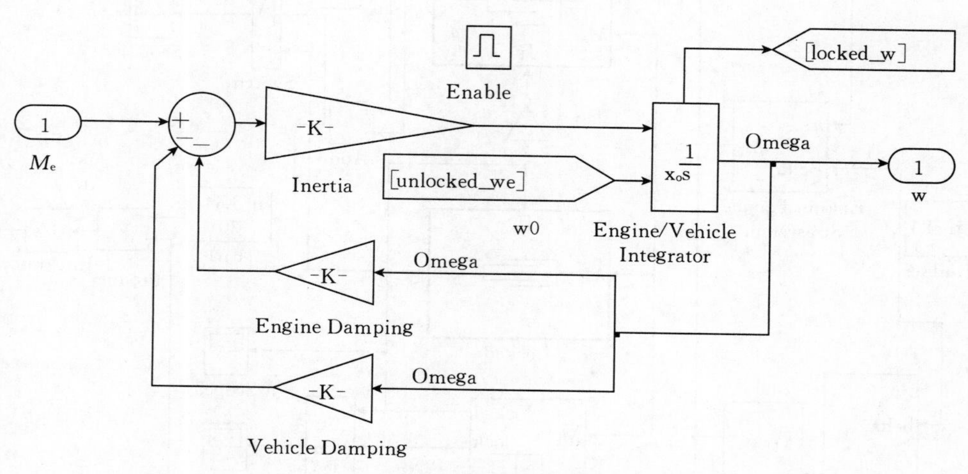

图 2-22　同步状态模块

2.3.1.7　冲击度和滑摩功模块

本章 2.1 节中分析评价离合器接合控制的好坏的主要指标是冲击度和滑摩功，并且对于冲击度的数学描述公式在 2.1 节已经给出了详细分析，冲击度的 Simulink 模型如图 2-23 所示。

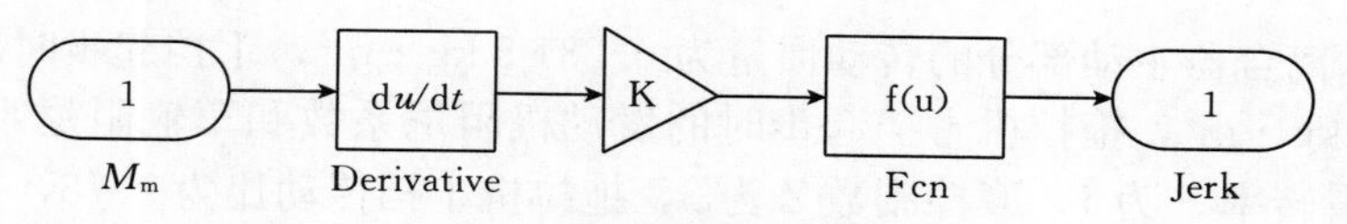

图 2-23　冲击度计算模块

由式（2-18）可知，主从动盘的转速差与静摩擦转矩的乘积经积分得到离合器接合过程中的滑摩功。滑摩功的仿真模型如图 2-24 所示。

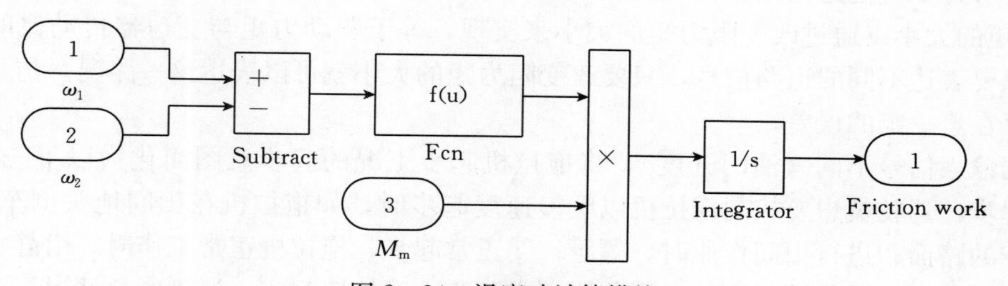

图 2-24　滑摩功计算模块

2.3.1.8　AMT 拖拉机离合器接合过程整体模型

将拖拉机各个部分的仿真模块进行整理，得到 AMT 拖拉机离合器的接合控制仿真模型，如图 2-25 所示。

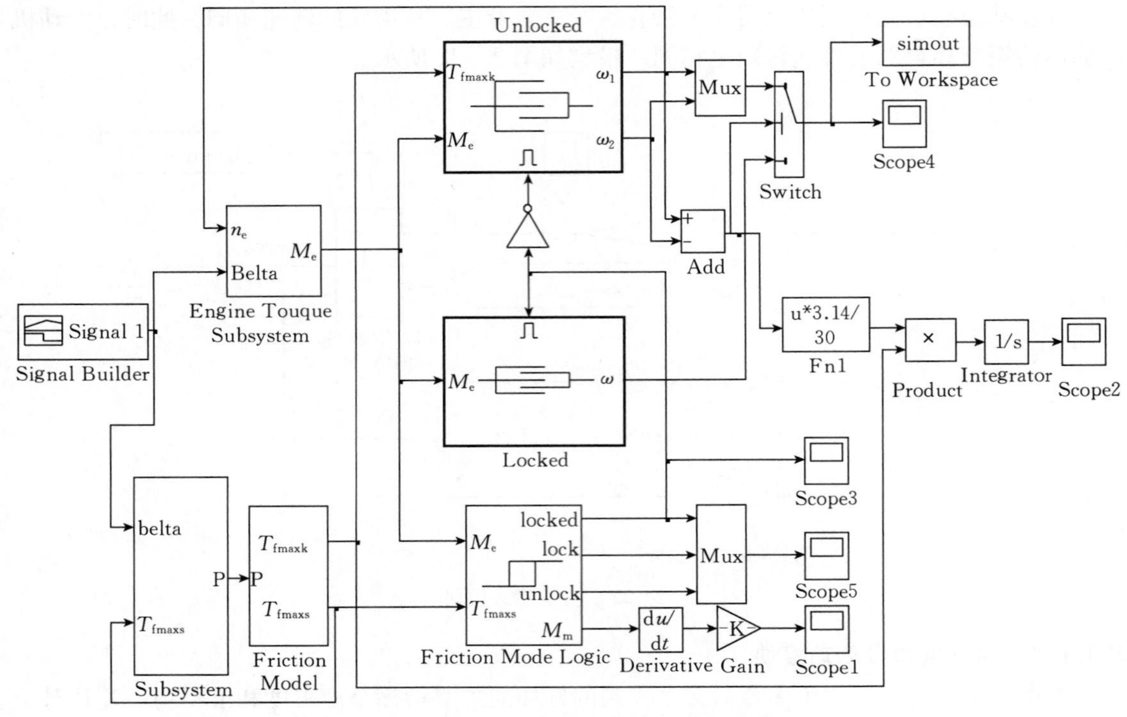

图 2-25　起步过程离合器的仿真控制模型

2.3.2　仿真工况

仿真参数：离合器主动部分的转动惯量为 0.281 5 kg·m²，Ⅰ挡起步时从动部分的转动惯量为 0.181 0 kg·m²，拖拉机Ⅰ挡起步时的发动机阻尼系数和车辆阻尼系数分别为 0.12 和 0.30，地面滑转率 S 为 1，摩擦副数 Z 为 2，拖拉机Ⅰ挡传动比为 9.78，拖拉机整车质量为 3.5 t，发动机及离合器的主要参数已经给出。

拖拉机工况复杂多变这一特殊的工作环境，在仿真中很难表达出来。但是，通过前面的分析可知，地面的附着力及工况不同，在拖拉机车轮上所得到的驱动拖拉机行驶的驱动力矩也不同。研究中，把这些因素简化到离合器的模型中，并将传动系统全都折合到阻力矩上（驱动力矩的大小以通过改变阻力矩的大小来实现，等于驱动力矩与变速器传动比的乘积）。因此，想要表达不同的道路信息，只要改变阻力矩的大小就可以表达这一路况。仿真不同于实验，存在着一定的误差。

依据输入信号不同（油门开度），将拖拉机起步工况的起步意图简化为以下三种情况：①缓慢起步，驾驶员想要控制拖拉机以缓慢速度起步时，如拖拉机在田间地头倒车、转弯，通过泥泞的路面和进行田间作业时，等等；②正常起步，拖拉机正常工作时，由静止状态顺利平稳地过渡到正常行驶状态的过程称为正常起步；③快速起步，遇到紧急情况，如陷于淤泥、停在坑里等时，驾驶员必须踩下油门踏板使油门开度迅速上升到较大值。

2.3.3　仿真结果分析

拖拉机特殊的工作环境，在仿真过程中难以完全表达出来。离合器仿真模型中，将整个传动系统的阻力矩折合到阻力矩上，阻力矩以驱动力矩与变速器传动比的乘积来表示。因此可以通过改变阻力矩的大小来表达不同的路况。整个仿真过程设置时间为3 s，运行后可得到离合器各个输出量的仿真曲线。通过改变输入（油门开度），模拟拖拉机不同的起步工况，得到不同工况下仿真曲线。

2.3.3.1 缓慢起步仿真结果

拖拉机在田间地头倒车、转弯，或通过泥泞的路面和进行田间作业等情况时，驾驶员想要控制拖拉机以缓慢的速度起步（加速踏板位置通常为36%～51%）。驾驶员起步意图如图2-26所示，冲击度和离合器主动盘和从动盘转速的仿真结果如图2-26至图2-31所示。

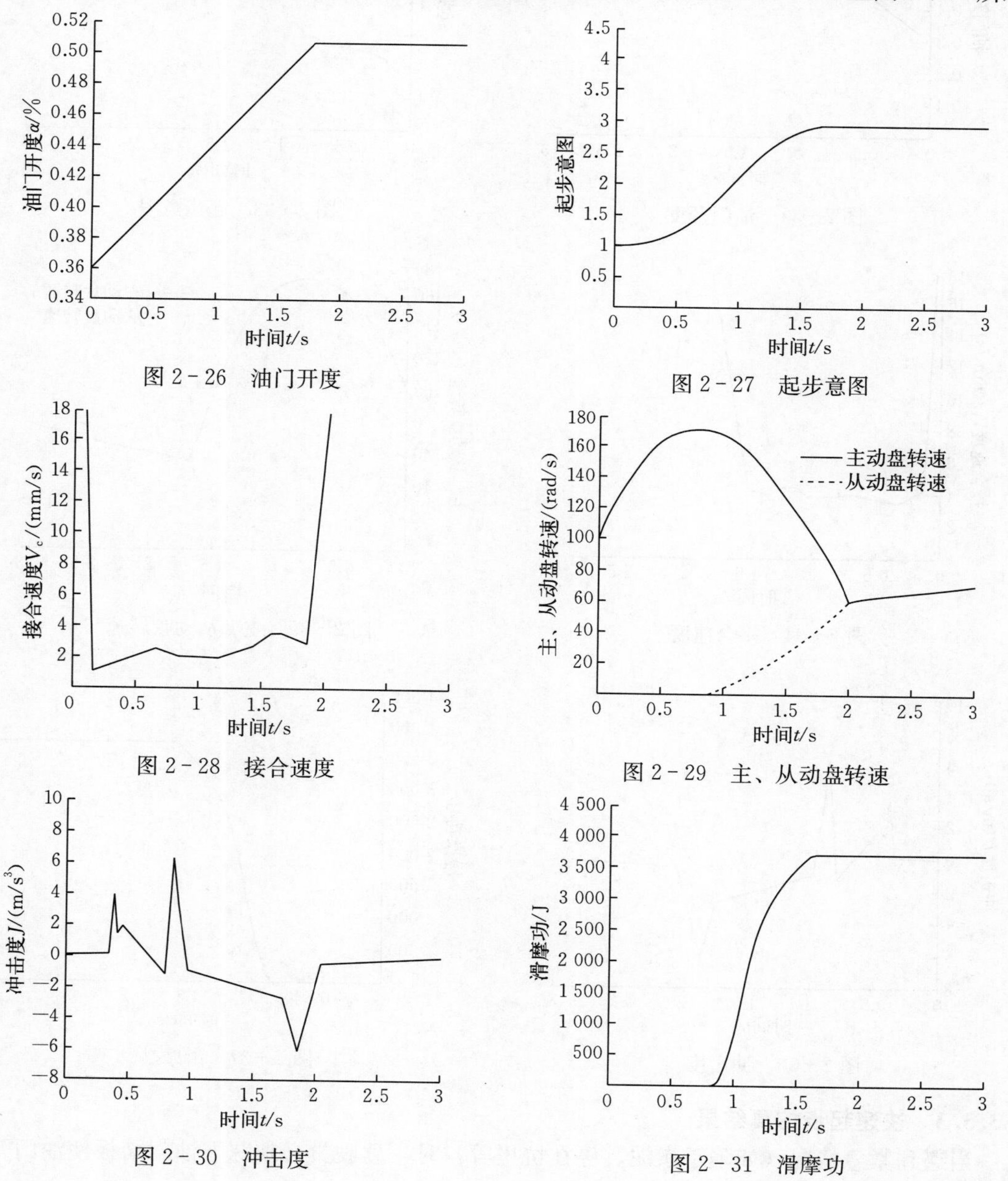

图2-26 油门开度

图2-27 起步意图

图2-28 接合速度

图2-29 主、从动盘转速

图2-30 冲击度

图2-31 滑摩功

2.3.3.2　正常起步仿真结果

拖拉机正常工作时，由静止状态顺利平稳地过渡到正常行驶状态的过程。油门踏板位置通常为36%～65%，如图2-32所示，得到系统仿真结果如图2-32至图2-37所示。

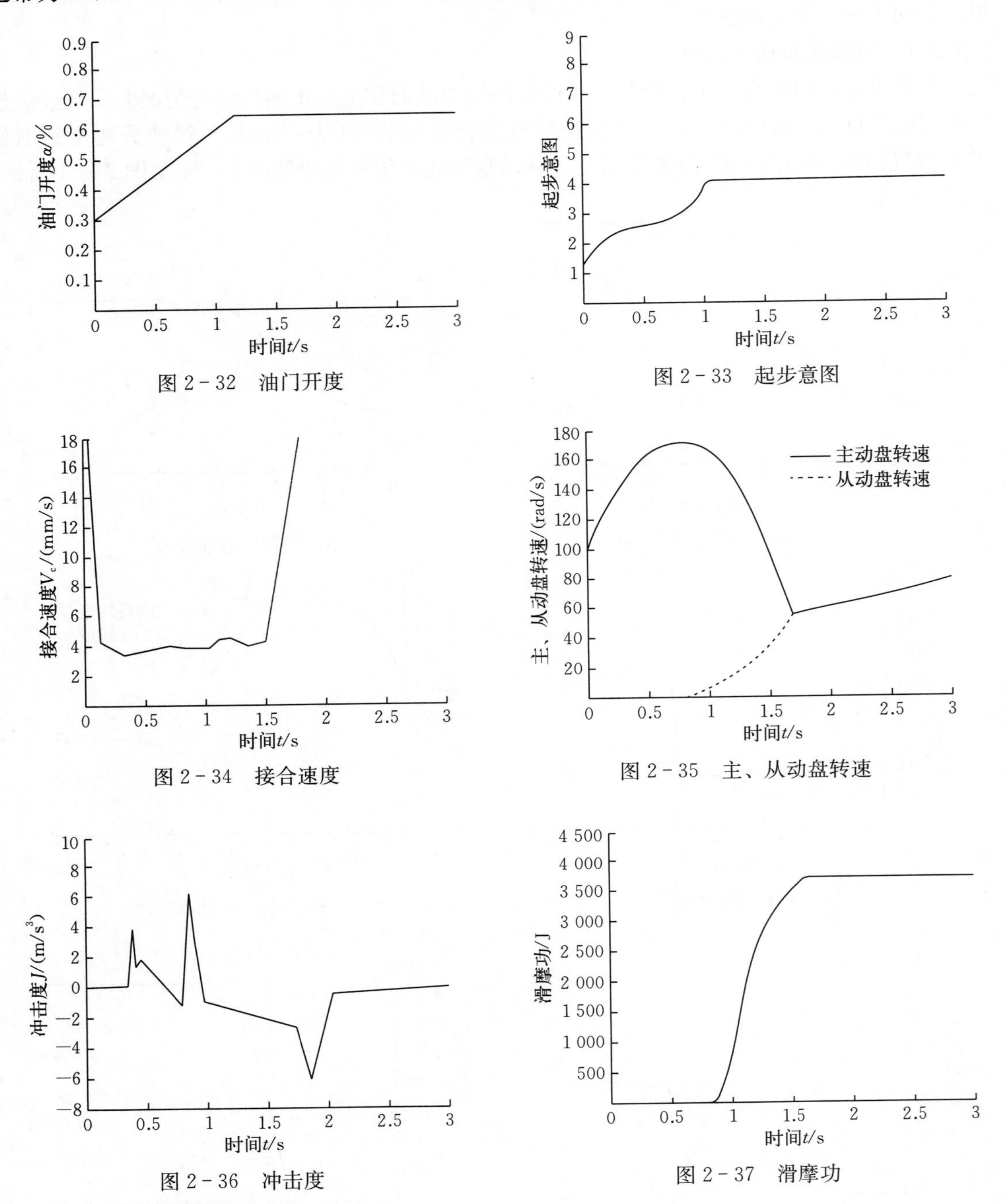

图2-32　油门开度

图2-33　起步意图

图2-34　接合速度

图2-35　主、从动盘转速

图2-36　冲击度

图2-37　滑摩功

2.3.3.3　快速起步仿真结果

当遇到紧急情况（如陷于淤泥、停在坑里等）时，驾驶员必须踩下油门踏板使油门开度迅速上升到较大值（图 2－38）。拖拉机离合器接合过程的仿真结果如图 2－38 至图 2－43 所示。

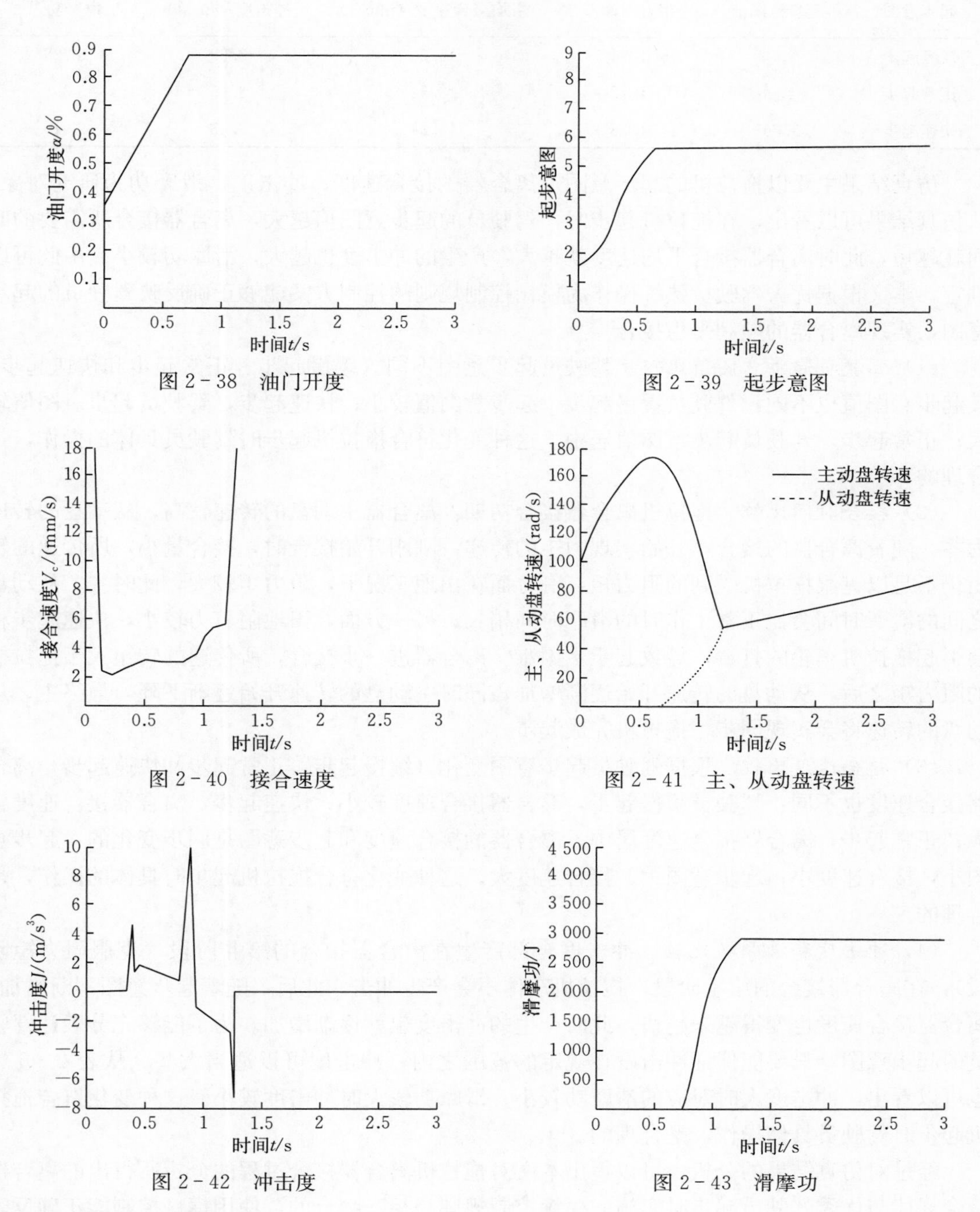

图 2－38　油门开度

图 2－39　起步意图

图 2－40　接合速度

图 2－41　主、从动盘转速

图 2－42　冲击度

图 2－43　滑摩功

2.3.3.4　仿真结果分析

根据以上对不同工况条件下 AMT 拖拉机的起步过程进行仿真，结果统计如表 2－6 所示。

表 2-6 仿真结果统计

起步意图	起步意图值	接合时间/s	平均接合速度/(mm/s)	冲击度/(m/s^3)	滑摩功/J
缓慢起步	2.97	1.94	10.26	2.59	3 725
正常起步	4.06	1.72	13.54	3.65	3 398
快速起步	5.367	1.28	15.24	5.43	2 940

仿真结果主要以拖拉机的起步意图及离合器的接合速度、冲击度、滑摩功为研究对象。从仿真结果可以看出，在拖拉机起步时，驾驶员的起步意图值越大，离合器接合所需要的时间就越短，此时离合器接合平均速度就越大，产生的冲击度也越大，滑摩功较小。由此可以判定，本文根据优秀驾驶员熟练操作为模糊控制规则的控制方案能够正确反映驾驶员的起步意图，实现离合器的顺利平稳接合。

(1) 驾驶员起步意图值比较。驾驶员起步意图不同（缓慢起步、正常起步和快速起步）其起步意图值也不同：驾驶员缓慢起步，起步意图值较小；快速起步，驾驶员起步意图值较大；正常起步，驾驶员起步意图值居中。这种变化符合拖拉机起步时驾驶员具体的操作，是合理的。

(2) 接合时间比较。拖拉机离合器接合初期，离合器主动盘的转速较高，从动盘的转速为零。随着离合器的接合，开始实现力矩的传递，刚刚开始接合时，接合量小，所传递的转矩仍不足以克服拖拉机受到的阻力矩：一方面在田地工况下，阻力矩较大，此时主、从动盘之间的滑摩时间会比正常工作时的滑摩时间稍长；另一方面，田地附着力较小，快速起步将会引起拖拉机车轮的打滑，导致起步更困难。离合器进一步接合，所传递的转矩大于拖拉机的阻力矩之后，从动盘的转速开始逐渐增加，同时主动盘的转速开始逐渐下降，最终主、从动盘的转速将会实现同步，拖拉机完成起步。

(3) 接合速度比较。根据驾驶员起步意图变化（缓慢起步、正常起步和快速起步）离合器接合速度也不同：驾驶员缓慢起步，离合器接合速度较小；快速起步，离合器接合速度较大；正常起步，离合器接合速度居中。离合器的接合速度和起步意图是同步变化的：起步意图小，接合速度小；起步意图大，接合速度大。这种变化符合拖拉机起步时具体的操作，是合理的。

(4) 冲击度和滑摩功比较。冲击度全部产生在离合器接合的第Ⅱ阶段（克服阻力矩阶段），在离合器接合的第Ⅰ阶段，拖拉机车体不会产生冲击。此后，随着起步意图不断增加，离合器接合速度也变得越来越快，此时产生的冲击度也就逐渐增加。为了能够充分表达驾驶员的起步意图，只要能保证冲击度在规定的范围之内，冲击度可以适当大些。从表 2-6 中也可以看出，冲击度大时对应的滑摩功较小，滑摩功较大时冲击度较小。这种变化符合拖拉机起步时驾驶员具体操作，是合理的。

经过对仿真结果的分析，可以得出本文对拖拉机离合器接合过程的分析所得出的离合器接合规律与优秀驾驶员起步时实施的模糊控制规则是相互吻合的，使用模糊控制能正确反映驾驶员的起步意图，实现离合器的平稳、顺利接合，并且可以解决拖拉机在不同工况起步下附着力小的问题。

第3章 电控机械式自动变速器换挡规律及策略

拖拉机动力性换挡规律是指在机组作业时能使拖拉机发动机功率得到充分发挥、拖拉机机组挂钩牵引力得到充分利用的规律，拖拉机经济性换挡规律是指作业时拖拉机机组以最小的燃油消耗来进行换挡的规律。本章在考虑拖拉机发动机动态特性情况下，结合拖拉机机组动力学和发动机燃油经济性，运用解析法制定拖拉机 AMT 动力性和经济性三参数换挡规律。

3.1 AMT 三参数换挡规律制定

3.1.1 拖拉机 AMT 动力性三参数换挡规律制定

3.1.1.1 拖拉机机组动力学

拖拉机机组作业时，依靠作用于驱动轮上的土壤反力，即驱动力，使机组产生运动。驱动力 F_q 反映了发动机输出转矩大小，同时也反映了作业状态，与拖拉机机组作业时受到的外界阻力有关。要得到驱动力，需要对拖拉机机组行驶动力学进行研究。以拖拉机较常见的田间犁耕作业方式为研究对象，作业时为保证播种、耕地等作业的质量，按照要求需要控制耕深。耕深的控制首先要保证拖拉机作业机组能正常行驶作业，即需要满足

$$F_q = F_f + F_i + F_T + M\mathrm{d}v/\mathrm{d}t \tag{3-1}$$

式中：F_q 为驱动力（N）；F_f 为拖拉机受到的滚动阻力（N）；F_i 为坡道阻力（N）；F_T 为挂钩牵引力，也称为牵引阻力（N）；M 为拖拉机机组总换算质量（N・s^2/m）。

F_f、F_i、F_T 可分别表示为

$$F_f = X_C + X_r = fG \tag{3-2}$$

式中：X_C 为前轮滚动阻力（N）；X_r 为后轮滚动阻力（N）；f 为滚动阻力系数，对于耕地取 0.18～0.22。

$$F_i = G\sin\gamma \tag{3-3}$$

式中：γ 为拖拉机机组田间作业时经过田埂或坑洼的坡度。

$$F_T = R_x + F_x + L_x = kbHz \tag{3-4}$$

式中：k 为土壤比阻（N/cm^2）；b 为单个犁铧的宽度（cm）；H 为作业机组耕深（cm）；z 为悬挂农机具犁铧数。

牵引力也可表示为

$$F_T=\frac{367N_T}{v}=\frac{367(N_e-N_m-N_f-N_\delta)}{v} \tag{3-5}$$

式中：N_e 为发动机输出有效功率（kW）；$N_m=N_e-\frac{F_q v_0}{270}$，为拖拉机传动系统损失功率（kW）；$N_f=\frac{fGv}{367}$，为拖拉机机组自身移动消耗的功率（kW）；$N_\delta=\frac{\delta F_q v_0}{270}$，为拖拉机滑转损失功率（kW）。

结合式（3－1）至式（3－5），可得

$$F_q=X_C+X_r+G\sin\gamma+kbHz+M\frac{dv}{dt} \tag{3-6}$$

或

$$F_q=fG+G\sin\gamma+\frac{367(N_e-N_m-N_f-N_\delta)}{v}+M\frac{dv}{dt} \tag{3-7}$$

田间作业时，拖拉机机组所受到的滚动阻力与农机具牵引阻力都跟土壤、作业工况有关，受到驱动轮滑转率的影响，农机具牵引阻力还受到农具犁铧数的影响。式（3－1）至式（3－7）是研究拖拉机动力学和建立拖拉机动力学仿真模型的依据，但利用这些公式计算驱动力较复杂，为了简化计算和便于进一步研究拖拉机动力性换挡规律各控制参数与驱动力之间的关系，通常也采用下式来求得拖拉机机组驱动力：

$$F_q=\frac{M_q}{r_q} \tag{3-8}$$

式中：F_q 为拖拉机驱动力（N）；M_q 为拖拉机驱动力矩（N·m）；r_q 为驱动轮动力半径（m）。

$$M_q=M_e i_\Sigma \eta_m \eta_n=M_e i_g i_0 \eta_m \eta_n \tag{3-9}$$

式中：M_e 为发动机动态输出转矩（N·m）；i_Σ 为传动系总传动比，$i_\Sigma=i_g i_0$；η_m 为履带驱动段效率，对于轮式拖拉机，则不考虑；η_n 为传动系机械效率。

3.1.1.2 拖拉机发动机转矩特性方程

要得到拖拉机动力性换挡规律控制参数与驱动力之间的关系，还需要拖拉机发动机的转矩特性方程。

（1）*拖拉机发动机稳态转矩特性。*研究表明，一定油门开度下车辆发动机输出转矩特性曲线可利用实验数据经过三次样条插值拟合后得到，并能够达到满意的精度。

利用实际测到的发动机试验数据可以分别绘出发动机转速 n_e、油门开度 α 的坐标向量，即 $n_e=[n_{e1}, \cdots, n_{em}]^T$ 和 $\alpha=[\alpha_1, \cdots, \alpha_n]^T$，其中 n_{e1}、n_{em} 分别为拖拉机发动机最小和最大转速，α_1、α_n 分别为发动机的最小和最大油门开度。坐标向量值的间隔大小决定了数表的疏密程度，间隔越小数表网格越密，其插值结果越精确，数据存储量越大。为获得高精度的插值结果，可以采用二元三次多项式插值拟合的方法获得拖拉机发动机稳态输出转矩 M_e^W，拟合数学模型为

$$M_e^W=a_0+a_1 n_e^3+a_2\alpha n_e^2+a_3\alpha^2 n_e+a_4\alpha^3+a_5 n_e^2+a_6\alpha n_e+a_7\alpha^2+a_8 n_e+a_9\alpha \tag{3-10}$$

式中：a_i 为待定系数，$i=0, 1, \cdots, 9$。a_i 可以利用发动机试验数据运用计算机编程拟

合求得。图 3-1 为按照该式拟合得到某拖拉机发动机稳态输出转矩、发动机转速和油门开度之间的关系曲面。若给出发动机的转速和油门开度，利用该图即可得到相对应的发动机稳态输出转矩。

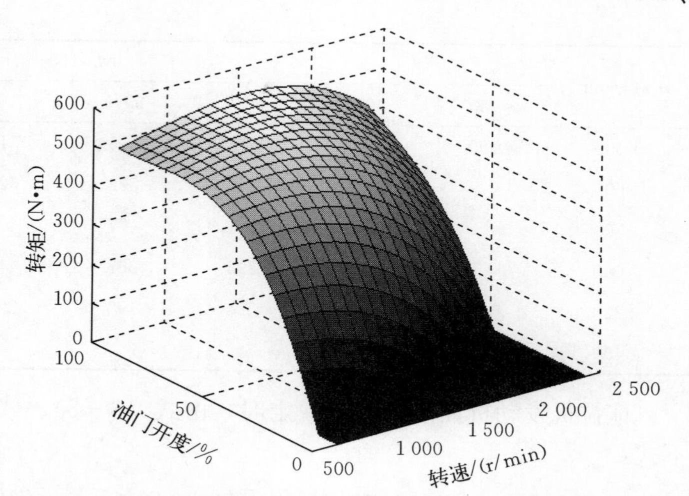

图 3-1 拖拉机发动机稳态输出转矩、发动机转速和油门开度之间的关系曲面

(2) *拖拉机发动机动态转矩特性*。发动机在运行过程中，有 66%～80%的时间是处于非稳态工作状态。对于作业工况极其复杂的拖拉机来说，更是如此。稳态工况下的拖拉机发动机转矩特性与其非稳态工况下的特性不同，采用发动机的稳态转矩进行进一步的研究与计算较为不妥。在发动机正常的热力工作状态下，往往通过控制发动机油门开度、曲轴转速和空燃比来进行调速。为满足需要，利用修正系数的方法，通过对拖拉机发动机稳态输出转矩进行修正，进而得到其动态工况下的输出转矩。修正后的拖拉机发动机有效输出转矩为

$$M_e = M_e^W - \beta \frac{d\omega}{dt} \tag{3-11}$$

式中：M_e 为拖拉机发动机动态输出转矩（N·m）；M_e^W 为拖拉机发动机稳态输出转矩（N·m）；β 为拖拉机发动机动态输出转矩下降系数；$\frac{d\omega}{dt}$为拖拉机发动机角加速度（$1/s^2$）。

由图 3-1 可以得出，发动机油门开度 α 一定时，拖拉机发动机稳态输出转矩是关于转速的函数，即 $M_e^W = f(n_e)$，而发动机曲轴的角速度也是转速的函数。因此，油门开度 α 一定时，拖拉机发动机动态输出转矩也是关于转速的函数，即 $M_e = f(n_e)$。

为了研究方便，本文采用最小二次多项式拟合的方法来求解。多项式次数越高，得到的拟合点越准确，但是随着拟合阶次的增加，计算量变大，拟合效果过头。一般情况下，多项式次数取 2～5，本文取 2 次进行拟合。因此，发动机油门开度一定时，式（3-11）可以写为

$$M_e = a_3 n_e^2 + a_2 n_e + a_1 \tag{3-12}$$

式中：a_1、a_2、a_3 为拟合系数，可根据发动机试验数据（表 3-1）拟合得到。

表 3-1 拖拉机发动机台架试验数据（发动机动态输出转矩）

n_e/(r/min)	M_e/(N·m)							
	α=30%	40%	50%	60%	70%	80%	90%	100%
800	390	390	390	390	390	390	390	390
1 000	442	442	442	442	442	442	442	442
1 200	486.6	486.6	486.6	486.6	486.6	486.6	486.6	486.6

（续）

n_e/（r/min）	M_e/（N·m）							
	α=30%	40%	50%	60%	70%	80%	90%	100%
1 400	295	515	515	515	515	515	515	515
1 600		412	462	523	523	523	523	523
1 800		395	431	477	510.6	510.6	510.6	510.6
2 000			295	367	412	484	484	484
2 200				190	295	363	452.5	452.5
2 400						68	132	220

拖拉机发动机油门开度 α 一定时，由式（3－8）、式（3－9）和式（3－12）可以得到下式：

$$F_q=\eta_m\eta_n\left[\frac{a_3 i_g^3 i_0^3}{r_q^3 0.377^2\ (1-\delta)^2}v^2+\frac{a_2 i_g^2 i_0^2}{r_q^2 0.377(1-\delta]}v+\frac{a_1 i_g i_0}{r_q}\right] \quad (3-13)$$

由文献可知，拖拉机驱动力与驱动轮滑转率之间还存在着一定的关系：

$$F_q=\frac{Y_{q0}}{\dfrac{1}{\varphi_{max}(1-e^{-\delta/\delta_1})}-\dfrac{h_T}{L}} \quad (3-14)$$

式中：Y_{q0} 为拖拉机驱动轮的静载荷（N），$Y_{q0}=G(L-a)/L$，其中 a 为拖拉机后轮到其重心的距离（m）；L 为拖拉机的轴距（m）；φ_{max} 为拖拉机最大驱动轮动载荷利用系数；δ_1 为拖拉机的特征滑转率；h_T 为牵引点到地面之间的距离（m）；φ_{max}、δ_1 可按照文献中的算法求出，分别为 1.29 和 13.4%。

（3）*拖拉机 AMT 动力性三参数换挡规律求解*。拖拉机 AMT 动力性三参数换挡规律的求解方法分为经验法、图解法和解析法三种。经验法是以驾驶员的主观评价为依据，由于不同驾驶员的操作习惯和经验各不相同，采用这种方法求解出的换挡规律难以满足拖拉机的实际作业工况，其结果不能达到理想效果。因此，应采用后两种方法进行求解，即图解法和解析法。

A. 图解法。图解法又称动态驱动力曲线法，即利用驱动力与换挡规律控制参数之间的数学关系来绘制曲线。图 3－2 为 F_q—v 关系曲线，图 3－3 为拖拉机部分动力性换挡规律曲线。绘制曲线的具体方法如下：①由式（3－14）可以作出拖拉机驱动力与驱动轮滑转率之间的特性曲线，即 F_q—δ 曲线；②在步骤①的基础上选取一定的发动机油门开度（60%、80%和 100%）和滑转率（0.92%和 11%），由式（3－13）作出拖拉机驱动力与行驶速度之间的关系曲线；③变换油门开度重复步骤②，作出该驱动轮滑转率下不同油门开度所对应的拖拉机各挡位 F_q—v 关系曲线；④将不同油门开度下拖拉机相邻两挡 F_q—v 关系曲线间的交点依次连接，然后转化为 v—α 关系曲线即可得到该滑转率下拖拉机各相邻挡位的换挡曲线；⑤按照拖拉机不同的作业工况，改变滑转率，重复步骤②～④，即可得到满足拖拉机作业需求的动力性三参数换挡规律。

比起经验法，使用图解法更加准确，能够满足拖拉机机组作业质量的要求，但运用图解法事先要得到拖拉机各种作业阻力下、不同油门开度时的滑转率，工作量相当大。随着计算机科

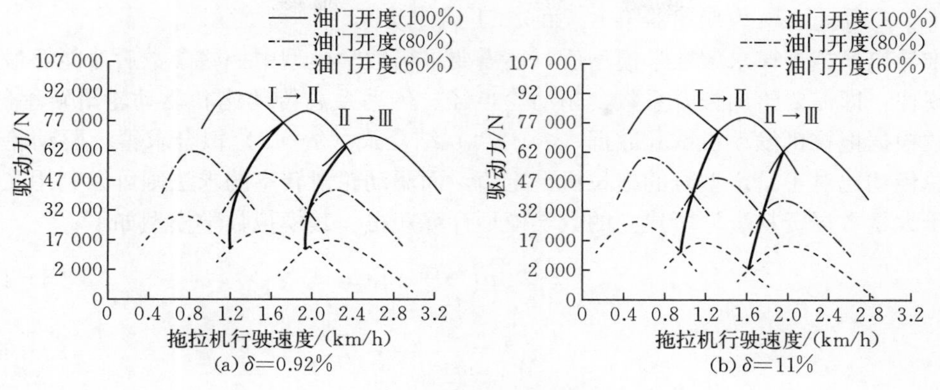

图 3-2 F_q—v 关系曲线

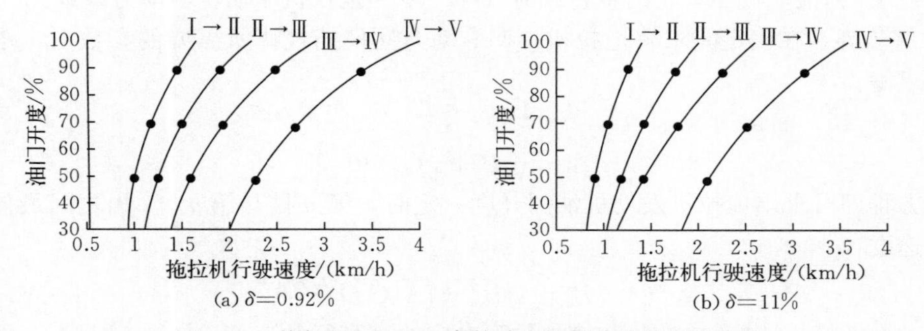

图 3-3 拖拉机 AMT 三参数动力性部分换挡规律曲线

学技术的发展，采用解析法借助计算机编程计算，可以高效准确地求出拖拉机换挡规律。

B. 解析法。要求解出正确的换挡规律，首先要得到拖拉机 AMT 换挡规律求解数学模型。为此，本文从拖拉机 AMT 的换挡特性出发，推导得出该数学模型。

a. 拖拉机 AMT 换挡特性分析。换挡特性是拖拉机 AMT 性能的主要评价指标，表示不同油门开度下拖拉机的驱动力与车速、油耗及车速的关系，是换挡时刻在供应特性场上的体现。换挡特性说明换挡前后系统的状态，在此假定：①换挡时间短，换挡前后行驶速度不变；②换挡前后外界阻力不变；③换挡前后动力传动系统无动态变化，以保证车辆良好的动力性能。

供应特性是一个场，是指拖拉机发动机输出转矩与车速的函数关系，能够反映拖拉机动力传动系统的状态和工作条件，拖拉机变速器的换挡过程只能影响供应特性场。

根据图 3-2 并结合文献中的内容可以得出，要保证供应特性场的完整性，换挡曲线应在相邻两挡的供应特性场内，即两换挡曲线重合区域，且经过相邻两挡的交点，该交点为换挡特性点。对于拖拉机 AMT 动力性换挡来说，换挡时有

$$F_{qn}=F_{q(n+1)} \tag{3-15}$$

b. 拖拉机 AMT 动力性换挡规律求解数学模型。联合式（3-12）和式（3-14）可以求得油门开度 α 一定时第 n 挡与第 $n+1$ 挡之间的动力性换挡求解数学模型：

$$\frac{a_3(i_{gn}^3-i_{g(n+1)}^3)i_0^3\eta_m\eta_n}{r_q^3 0.377^2(1-\delta)^2}v^2+\frac{a_2(i_{gn}^2-i_{g(n+1)}^2)i_0^2\eta_m\eta_n}{r_q^2 0.377(1-\delta)}v+\frac{a_1(i_{gn}-i_{g(n+1)})i_0\eta_m\eta_n}{r_q}=0 \tag{3-16}$$

式中：i_{gn}和$i_{gn(n+1)}$为变速器第n、第$n+1$挡传动比。

在推导出换挡规律求解数学模型后，还需要求出数学模型中一些参数后才能够最终求解出换挡规律，即需要给出拟合系数、驱动轮半径、传动系总传动比和驱动轮滑转率的大小。拟合系数根据拖拉机发动机试验数据（表3-1）结合式（3-12）拟合求得，驱动轮半径和传动系总传动比对于给定型号的拖拉机是定值，而驱动轮滑转率的求法则可以利用文献中介绍的基于大量数据资料统计所建立的数学模型计算获得。其模拟数学模型如下：

$$\delta=\delta_0\ln\left(\frac{\phi_0}{\phi_0-\phi}\right) \tag{3-17}$$

$$\phi=\frac{F_q}{W_q}=\frac{1}{\frac{h_T}{L}+\frac{Y_{k0}}{F_q}} \tag{3-18}$$

式中：W_q为拖拉机驱动轮的垂直载荷（N）；ϕ为拖拉机驱动轮驱动力系数。

c. 求解步骤。在确定完求解拖拉机AMT动力性换挡规律所需要的参数后，按照以下步骤进行求解：

将式（3-16）简化为

$$A_m v^2+B_m v+C_m=0 \tag{3-19}$$

解此方程即可求出拖拉机发动机油门开度一定时，第n挡与第$n+1$挡之间最佳动力性换挡点的速度：

$$v_m=(-B_m\pm\sqrt{B_m^2-4A_mC_m})/(2A_m) \tag{3-20}$$

求出动力性换挡速度v_m后，与该挡位下对应的最高行驶速度$v_{m(n)\max}$以及下一挡位的最低速度$v_{m(n+1)\min}$比较，如果满足下式：

$$v_m>0 \text{ 且 } v_{m(n+1)\min}<v_m<v_{m(n)\max} \tag{3-21}$$

则v_m为相邻两挡的升挡速度，变换不同的油门开度α和驱动轮滑转率δ依次进行求解，并将求解结果按照相同的滑转率一一归类，即可得到拖拉机AMT动力性三参数换挡控制规律。

如果按照式（3-20）求出的换挡点不满足式（3-21），则v_m称为边界换挡点，此种情况下按照下列判断条件来确定换挡速度：

当$n+1$挡最小行驶速度$v_{m(n+1)\min}$处的驱动力大于该速度下n挡的驱动力，则换挡速度为$v_{m(n+1)\min}$。

当n挡的最大行驶速度$v_{m(n)\max}$处的驱动力大于该速度下$n+1$挡的驱动力，则换挡速度为$v_{m(n)\max}$。

改变滑转率和挡位反复重复步骤可求出一定油门开度下的拖拉机AMT动力性三参数换挡规律。

依次改变油门开度，重复步骤即可求出对应不同油门开度下的动力性三参数换挡规律。

将最终得出的各油门开度下的动力性三参数换挡规律按照两相邻挡位一一进行分类，然后利用多项式拟合插值的方法进行曲面拟合，可以得到高质量的拖拉机AMT动力性三参数换挡规律曲面。拟合公式为

$$v=a_0+a_1\delta^3+a_2\alpha\delta^2+a_3\delta\alpha^2+a_4\alpha^3+a_5\delta^2+a_6\delta\alpha+a_7\alpha^2+a_8\delta+a_9\alpha \tag{3-22}$$

式中：a_i为拟合系数，$i=0$，1，…，9。

按照以上求解步骤，可以得到拖拉机 AMT 三参数动力性换挡规律。表 3-2 至表 3-5 与图 3-4 至图 3-7 分别为换挡规律部分数据和拟合曲面。

表 3-2 拖拉机 AMT Ⅰ-Ⅱ挡动力性换挡规律

δ	v/(km/h)							
	α=30%	40%	50%	60%	70%	80%	90%	100%
0.001	0.885	0.963	0.995	1.082	1.205	1.301	1.413	1.640
0.009 2	0.879	0.956	0.987	1.073	1.195	1.290	1.401	1.627
0.041 1	0.854	0.929	0.956	1.039	1.157	1.248	1.365	1.574
0.089 8	0.816	0.887	0.909	0.986	1.098	1.185	1.287	1.494
0.11	0.801	0.869	0.890	0.964	1.073	1.159	1.259	1.461
0.16	0.762	0.826	0.841	0.910	1.013	1.094	1.188	1.379
0.20	0.749	0.813	0.828	0.897	1.000	1.081	1.175	1.366

表 3-3 拖拉机 AMT Ⅱ-Ⅲ挡动力性换挡规律

δ	v/(km/h)							
	α=30%	40%	50%	60%	70%	80%	90%	100%
0.001	1.158	1.273	1.410	1.458	1.623	1.752	1.904	2.210
0.009 2	1.149	1.264	1.399	1.446	1.610	1.738	1.888	2.192
0.041 1	1.116	1.227	1.358	1.400	1.558	1.682	1.828	2.122
0.089 8	1.065	1.170	1.268	1.328	1.479	1.597	1.735	2.014
0.11	1.044	1.146	1.203	1.299	1.446	1.561	1.696	1.969
0.16	0.991	1.088	1.098	1.226	1.365	1.474	1.601	1.858
0.20	0.970	1.067	1.077	1.205	1.344	1.453	1.530	1.787

表 3-4 拖拉机 AMT Ⅲ-Ⅳ挡动力性换挡规律

δ	v/(km/h)							
	α=30%	40%	50%	60%	70%	80%	90%	100%
0.001	1.409	1.569	1.754	1.967	2.190	2.364	2.569	2.981
0.009 2	1.398	1.556	1.739	1.951	2.172	2.345	2.547	2.957
0.041 1	1.353	1.506	1.683	1.888	2.102	2.269	2.465	2.862
0.089 8	1.284	1.430	1.598	1.792	1.995	2.154	2.340	2.716
0.11	1.256	1.398	1.562	1.752	1.951	2.106	2.288	2.656
0.16	1.185	1.320	1.475	1.654	1.842	1.988	2.160	2.507
0.20	1.156	1.291	1.446	1.625	1.813	1.959	2.131	2.464

表 3-5 拖拉机 AMT Ⅸ-Ⅹ挡动力性换挡规律

δ	v/(km/h)							
	α=30%	40%	50%	60%	70%	80%	90%	100%
0.001	7.829	8.538	9.543	10.703	11.917	12.864	13.978	16.229
0.009 2	7.765	8.468	9.465	10.615	11.819	12.759	13.863	16.096

（续）

δ	v/(km/h)							
	α=30%	40%	50%	60%	70%	80%	90%	100%
0.041 1	7.575	8.195	9.160	10.273	11.439	12.348	13.417	15.578
0.089 8	7.113	7.779	8.695	9.752	10.858	11.721	12.735	14.787
0.11	6.975	7.607	8.502	9.535	10.617	11.46	12.453	14.459
0.16	6.583	7.179	8.024	9.000	10.020	10.817	11.753	13.646
0.20	6.546	7.142	7.987	8.963	9.983	10.780	11.716	13.609

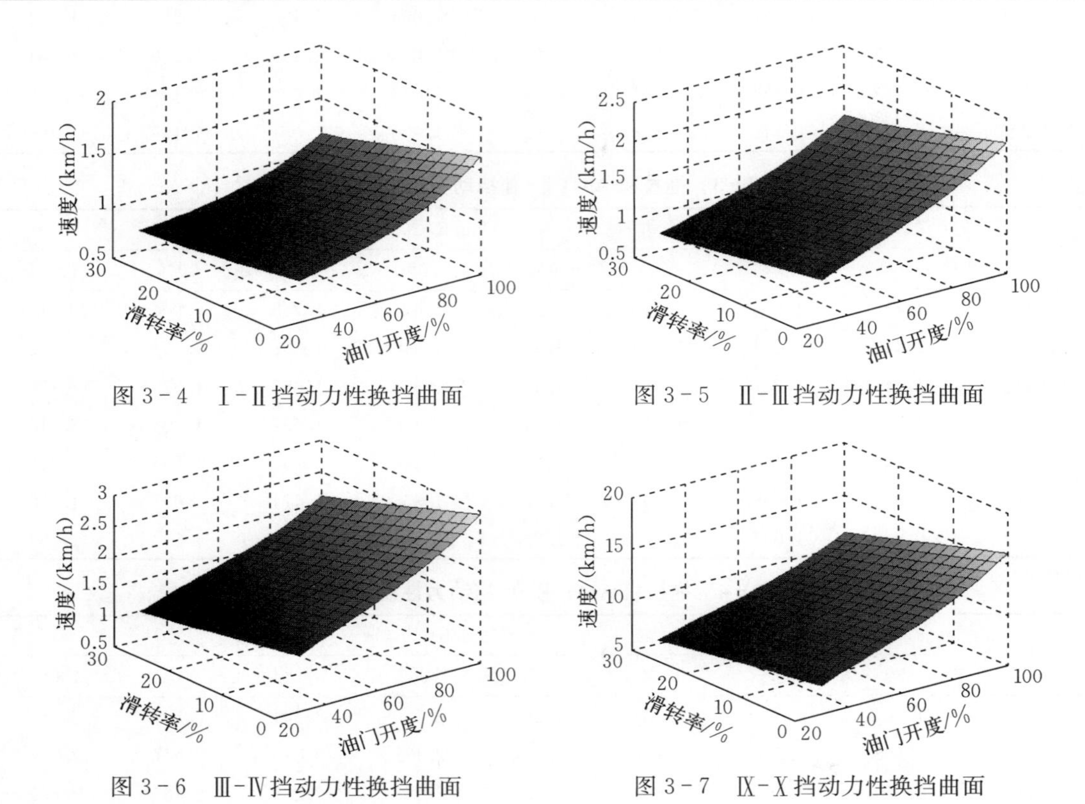

图 3-4　Ⅰ-Ⅱ挡动力性换挡曲面

图 3-5　Ⅱ-Ⅲ挡动力性换挡曲面

图 3-6　Ⅲ-Ⅳ挡动力性换挡曲面

图 3-7　Ⅸ-Ⅹ挡动力性换挡曲面

从表 3-2 至表 3-5 和图 3-4 至图 3-7 中可以看出，对于拖拉机 AMT 动力性换挡规律来说，油门开度一定时，拖拉机换挡速度随滑转率的减小而增加，其增加的速率随着挡位的增加而变快；滑转率一定时，拖拉机换挡速度随油门开度的增加而增加，其增加的速率随挡位的增加而变快。滑转率增大时，表明外界阻力大，为保证拖拉机动力性应降挡运行；滑转率减小时，应升挡运行，以提高拖拉机机组作业生产率。

以上求出的换挡规律为相邻两挡位间的升挡规律，降挡规律往往是在对应的升挡规律基础上给出一定的延迟速度（0.3～0.5 km/h）即可得到，此处不再详细给出。在求出的换挡规律数据表和换挡规律曲面中，每给出一定的油门开度和滑转率，即可得到对应的动力性换挡点，将该规律存入 ECU 中，按照实际作业工况控制其换挡过程。

3.1.2 拖拉机 AMT 经济性三参数换挡规律制定

要制定出拖拉机 AMT 经济性三参数换挡规律，需要研究拖拉机的燃油经济性，在此基础上建立拖拉机 AMT 经济性换挡规律求解数学模型，求解出拖拉机 AMT 经济性三参数换挡规律。

3.1.2.1 拖拉机机组燃油经济性

拖拉机机组田间作业时，以比油耗 g_T[g/(kW·h)] 来衡量其燃油经济性，以用最少的燃油消耗尽可能完成拖拉机机组的作业质量为目的，其表达式为

$$g_T=\frac{1\,000G_e}{N_t}=\frac{1\,000G_e}{N_e\eta_t}=\frac{G_h}{N_e\eta_t}=\frac{g_e}{\eta_t} \qquad (3-23)$$

式中：G_h 为拖拉机小时燃油消耗量（kg/h）；N_e 为拖拉机发动机输出功率（kW）；g_e 为拖拉机发动机燃油消耗率 [g/(kW·h)]；η_t 为拖拉机牵引效率。

3.1.2.2 拖拉机燃油消耗量数学模型

拖拉机发动机每小时燃油消耗量反映了拖拉机实际作业过程中的经济性能，与汽车等其他车辆类似，在研究拖拉机自动变速器经济性换挡规律时，为了方便制定换挡规律，需要求解发动机每小时燃油消耗量。由式（3-23）可得到

$$G_h=N_e g_e \qquad (3-24)$$

要进一步得到拖拉机 AMT 经济性换挡规律求解模型，还需要将拖拉机实际耗油量与换挡规律控制参数结合起来，从式（3-24）可以看出，应该先找出发动机输出功率和燃油消耗率与换挡规律控制参数之间的关系。

拖拉机油门开度一定时，发动机输出功率和燃油消耗率分别是关于发动机转速的函数，即 $N_e=f_n(n_e)$ 和 $g_e=f_g(n_e)$。考虑到要利用发动机的动态特性，在此仍然采用最小二次多项式拟合的方法得到输出功率和燃油消耗率与发动机转速之间的关系：

$$N_e=b_3n_e^2+b_2n_e+b_1 \qquad (3-25)$$

$$g_e=c_3n_e^2+c_2n_e+c_1 \qquad (3-26)$$

结合式（3-24）可以得到

$$G_h=b_3c_3n_e^4+(b_3c_2+b_2c_3)n_e^3+(b_3c_1+b_2c_2+b_1c_3)n_e^2+b_1c_1 \qquad (3-27)$$

式中：b_1、b_2、b_3、c_1、c_2、c_3 为拟合系数，可根据发动机特性试验数据拟合得到。

由式（3-27）可得到一定油门开度下拖拉机 AMT 经济性换挡规律数学模型：

$$G_h=\frac{b_3c_3i_g^4i_0^4v^4}{r_q^4 0.377^4(1-\delta)^4}+\frac{(b_2c_3+b_3c_2)i_g^3i_0^3v^3}{r_q^3 0.377^3(1-\delta)^3}+\frac{(b_1c_3+b_2c_2+b_3c_1)i_g^2i_0^2v^2}{r_q^2 0.377^2(1-\delta)^2}+\frac{(b_1c_2+b_2c_1)i_gi_0}{0.377(1-\delta)r_q}v+b_1c_1 \qquad (3-28)$$

表 3-6 和表 3-7 为本文所用拖拉机发动机特性实验数据。

表 3-6 发动机外特性实验数据（小时燃油消耗率）

n_e/(r/min)	g_e/[g/(kW·h)]							
	α=30%	40%	50%	60%	70%	80%	90%	100%
800	453	396	356	345	344	340	340	343
1 000	392	336	295	283	273	266	256	241

（续）

n_e/(r/min)	g_e/[g/(kW·h)]							
	α=30%	40%	50%	60%	70%	80%	90%	100%
1 200	234	228	227	226	226	227	228	232
1 400	225	222	221	220	220	220	221	222
1 600		217	216	216	217	217	219	221
1 800		221	214	214	214	215	218	221
2 000			217	214	214	215	218	220
2 200				228	226	228	232	238
2 400						334	334	340

表 3-7　发动机外特性实验数据（输出功率）

n_e/(r/min)	N_e/kW							
	α=30%	40%	50%	60%	70%	80%	90%	100%
800	12.1	14.6	17.1	19.2	21.1	25.4	28.7	34.4
1 000	24.1	29.6	32.5	35.3	37.2	41.5	44.5	50.2
1 200	35.2	40.2	44	47.7	50.3	55.3	59	65.4
1 400	46.9	51.3	55.7	58.6	64.5	68.9	73.3	80.4
1 600		58.7	63.8	67	73.7	78.7	83.8	91.6
1 800		66	71.6	75.4	83	88.6	94.2	102.5
2 000			79.8	83.8	92	98.4	104.7	113.7
2 200				92	101.4	108.3	115	124.4
2 400						113.2	120.4	130.3

3.1.2.3　拖拉机 AMT 经济性三参数换挡规律求解

与动力性换挡规律求解方法一样，拖拉机 AMT 经济性三参数换挡规律也可以通过经验法、图解法和解析法进行求解。经验法精度较低，无法满足拖拉机自动换挡和作业质量的需要，因此只考虑图解法和解析法。

（1）图解法。拖拉机经济性换挡规律图解法也称为耗油量曲线法。图 3-8 为 G_h—v 关系曲线，图 3-9 为拖拉机部分经济性换挡规律曲线，其具体绘制方法如下：①根据式（3-8）、式（3-9）、式（3-12）、式（3-14）和式（3-27）可以作出拖拉机小时燃油消耗量与滑转率之间的关系曲线，即 G_h—δ 曲线；②在步骤①的基础上，给出一定的油门开度（60%、80%和 100%）和滑转率（0.92%和 11%）并利用式（3-28）可以得到 G_h—v 关系曲线；③变换油门开度重复步骤②，作出该驱动轮滑转率下不同油门开度所对应的拖拉机各挡位 G_h—v 关系曲线；④将不同油门开度下拖拉机相邻两挡 G_h—v 关系曲线间的交点依次连接，然后转化为 v—α 关系曲线即可得到该滑转率下拖拉机各相邻挡位的换挡曲线；⑤按照拖拉机不同的作业工况，改变拖拉机驱动轮滑转率，重复步骤②～④，即可得到满足拖拉机作业需求的经济性三参数换挡规律。

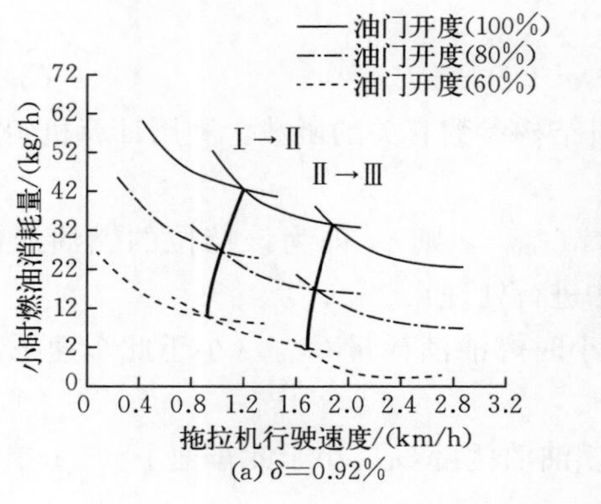

(a) δ=0.92%

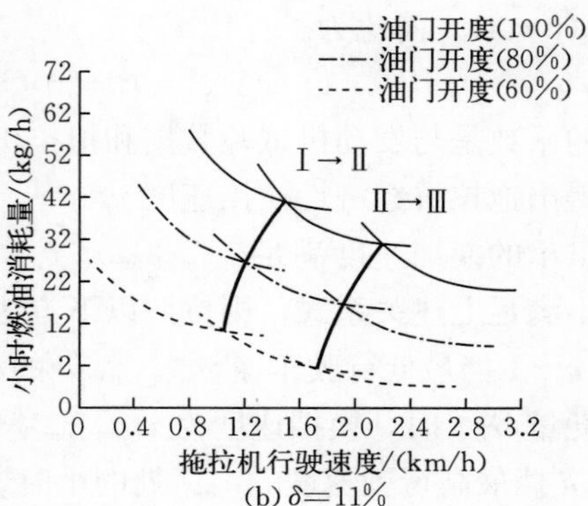

(b) δ=11%

图 3-8 G_h—v 关系曲线

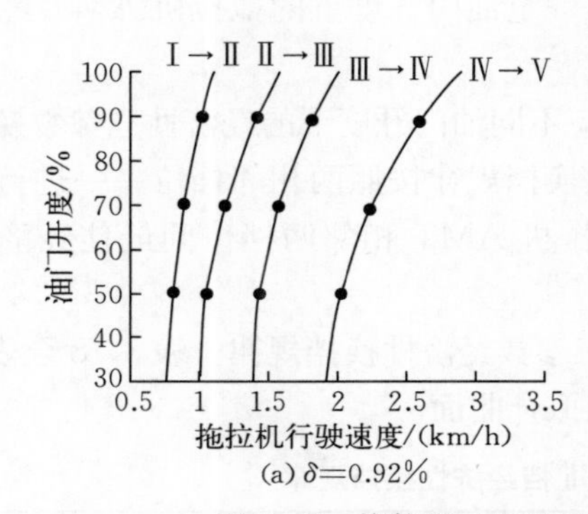

(a) δ=0.92%

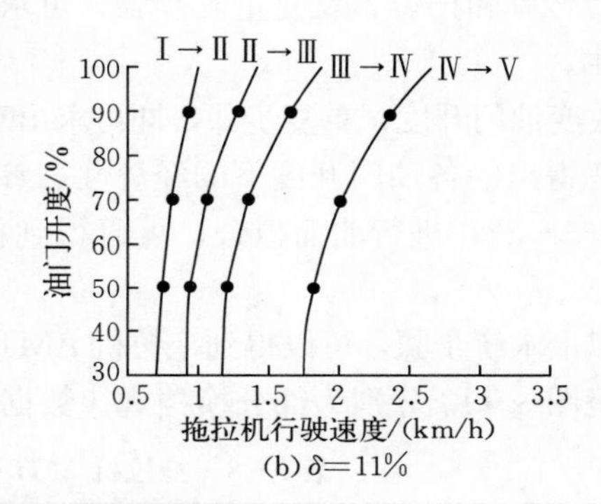

(b) δ=11%

图 3-9 拖拉机 AMT 三参数经济性部分换挡规律曲线

（2）解析法。

A. 拖拉机 AMT 经济性换挡规律求解数学模型。由式（3-28）可知，拖拉机每小时燃油消耗量 G_h 是发动机油门开度、行驶速度和驱动轮滑转率的函数，它们之间存在着一定的函数关系，即

$$G_h=G(\alpha,\ v,\ \delta) \tag{3-29}$$

从式（3-29）可以看出，当拖拉机驱动轮滑转率和发动机油门开度一定时，每小时耗油量由行驶速度决定。根据前文对拖拉机 AMT 换挡特性的研究，再结合图 3-8 和文献，可以得到进行经济性换挡时拖拉机 AMT 相邻两挡位小时耗油量的交点，即为拖拉机在该作业工况下的燃油经济性换挡点。用 n 和 $n+1$ 表示相邻两挡位，则有

$$G_{h(n)}=G_{h(n+1)} \tag{3-30}$$

将式（3-28）代入式（3-30），移项整理后可得

$$\frac{b_3c_3(i_{gn}^4-i_{g(n+1)}^4)i_0^4}{0.377^4(1-\delta)^4r_q^4}v^4+\frac{(b_2c_3+b_3c_2)(i_{gn}^3-i_{g(n+1)}^3)i_0^3}{0.377^3(1-\delta)^3r_q^3}v^3+\frac{(b_1c_3+b_2c_2+b_3c_1)(i_{gn}^2-i_{g(n+1)}^2)i_0^2}{0.377^2(1-\delta)^2r_q^2}v^2+$$
$$\frac{(b_1c_2+b_2c_1)(i_{gn}-i_{g(n+1)})i_0}{0.377(1-\delta)r_q}v+b_1c_1=0 \tag{3-31}$$

B. 求解步骤。建立好拖拉机 AMT 经济性换挡规律求解数学模型之后，按照以下步骤求解其经济性换挡规律：

将式（3－31）简化为

$$A_{n}v^{4}+B_{n}v^{3}+C_{n}v^{2}+D_{n}v+E_{n}=0 \quad (3-32)$$

式中的系数是与发动机试验数据和拖拉机结构参数有关的函数，利用计算机编程求解该方程即可得出拖拉机经济性换挡速度 v_{n}。

如果求出的换挡速度满足 $v_{n(n+1)\min}<v_{n}<v_{n(n)\max}$，则 v_{n} 即为该挡位的燃油经济性换挡点；如果不满足上述关系式，则按照以下方法进行处理：

a. 当 $n+1$ 挡最低行驶车速 $v_{n(n+1)\min}$ 处的小时燃油消耗量 $G_{h(n+1)}$ 小于此车速下 n 挡的小时燃油消耗量 $G_{h(n)}$ 时，换挡速度为 $v_{n(n+1)\min}$。

b. 当 n 挡最高行驶速度 $v_{n(n)\max}$ 处的小时燃油消耗量 $G_{h(n)}$ 小于此车速下 $n+1$ 挡的小时燃油消耗量 $G_{h(n+1)}$ 时，换挡速度为 $v_{n(n)\max}$。

改变滑转率和挡位，反复重复步骤，可求出一定油门开度下的拖拉机 AMT 经济性三参数换挡规律。

依次改变油门开度，重复步骤，即可求出对应不同油门开度下的经济性三参数换挡规律。

将最终得出的各油门开度下的经济性三参数换挡规律按照两相邻挡位一一进行分类，然后利用式（3－22）进行曲面拟合，可以得到拖拉机 AMT 相邻两挡位间最佳经济性三参数换挡曲面。

按照以上求解步骤，可以得到拖拉机 AMT 三参数经济性换挡规律。表 3－8 至表 3－11 与图 3－10 至图 3－13 分别为部分换挡规律数据和拟合曲面。

表 3－8　拖拉机 AMT Ⅰ－Ⅱ挡经济性换挡规律

δ	v/(km/h)							
	α=30%	40%	50%	60%	70%	80%	90%	100%
0.001	0.795	0.824	0.824	0.921	1.066	1.115	1.163	1.163
0.009 2	0.789	0.817	0.817	0.913	1.057	1.106	1.154	1.154
0.041 1	0.764	0.791	0.791	0.884	1.023	1.070	1.116	1.116
0.089 8	0.726	0.751	0.751	0.839	0.971	1.016	1.060	1.060
0.11	0.711	0.734	0.734	0.820	0.950	0.993	1.036	1.036
0.16	0.672	0.693	0.693	0.774	0.897	0.937	0.978	0.978
0.20	0.659	0.680	0.680	0.761	0.884	0.924	0.965	0.965

表 3－9　拖拉机 AMT Ⅱ－Ⅲ挡经济性换挡规律

δ	v/(km/h)							
	α=30%	40%	50%	60%	70%	80%	90%	100%
0.001	1.048	1.113	1.113	1.244	1.441	1.506	1.572	1.572
0.009 2	1.039	1.104	1.104	1.234	1.429	1.494	1.559	1.559
0.041 1	1.006	1.069	1.069	1.194	1.383	1.446	1.509	1.509
0.089 8	0.955	1.014	1.014	1.134	1.313	1.372	1.432	1.432
0.11	0.934	0.992	0.992	1.109	1.284	1.342	1.400	1.400
0.16	0.881	0.936	0.936	1.046	1.211	1.267	1.322	1.322
0.20	0.860	0.915	0.915	1.025	1.190	1.245	1.301	1.301

表 3-10　拖拉机 AMT Ⅲ-Ⅳ挡经济性换挡规律

δ	v/(km/h)							
	α=30%	40%	50%	60%	70%	80%	90%	100%
0.001	1.409	1.497	1.497	1.674	1.938	2.206	2.114	2.114
0.009 2	1.398	1.485	1.485	1.660	1.922	2.009	2.097	2.097
0.041 1	1.353	1.437	1.437	1.606	1.860	1.945	2.029	2.029
0.089 8	1.284	1.364	1.364	1.525	1.766	1.846	1.926	1.926
0.11	1.256	1.334	1.334	1.491	1.726	1.805	1.883	1.883
0.16	1.185	1.259	1.259	1.407	1.629	1.703	1.778	1.778
0.20	1.156	1.230	1.230	1.378	1.600	1.674	1.749	1.749

表 3-11　拖拉机 AMT Ⅸ-Ⅹ挡经济性换挡规律

δ	v/(km/h)							
	α=30%	40%	50%	60%	70%	80%	90%	100%
0.001	7.829	8.319	8.319	9.297	10.765	11.255	11.744	11.744
0.009 2	7.765	8.250	8.250	9.221	10.667	11.162	11.647	11.647
0.041 1	7.515	7.985	7.985	8.924	10.333	10.803	11.272	11.272
0.089 8	7.133	7.579	7.579	8.471	9.808	10.254	10.700	10.700
0.11	6.975	7.411	7.411	8.283	9.591	10.027	10.463	10.463
0.16	6.583	6.995	6.995	7.817	9.052	9.463	9.875	9.875
0.20	6.506	6.918	6.918	7.740	8.975	9.386	9.798	9.798

从表 3-8 至表 3-11 和图 3-10 至图 3-13 中可以看出，对于拖拉机 AMT 经济性换挡规律来说，油门开度一定时，拖拉机换挡速度随滑转率的减小而增加，其增加的速率随着挡位的增加而变快；滑转率一定时，拖拉机换挡速度随油门开度的增加而增加，其增加的速率随挡位的增加而变快。由于经济性换挡模式是在作业路况、外界环境较好，滑转率减小时采用的，为节省油耗量、提高拖拉机经济性，这两种变化趋势比起动力性换挡规律来变化较为平缓。滑转率减小时，应升挡运行，升挡后保持油门开度不变或增加，拖拉机燃油消耗率会增大。因此，为保证拖拉机经济性，升挡的同时应减小油门开度。

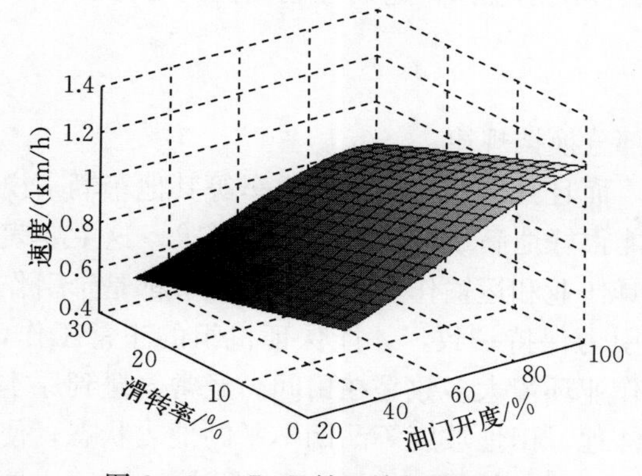

图 3-10　Ⅰ-Ⅱ挡经济性换挡曲面

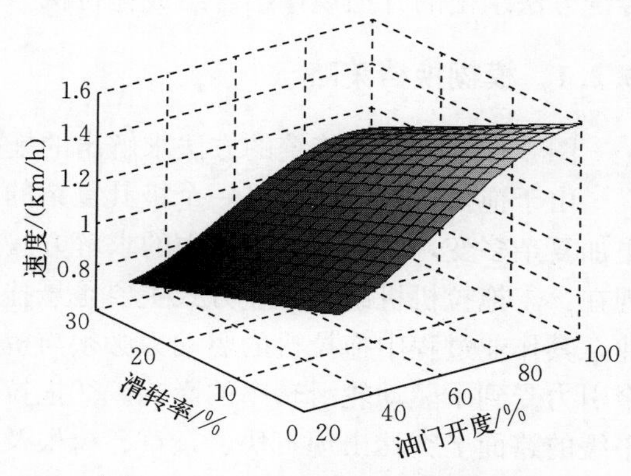

图 3-11　Ⅱ-Ⅲ挡经济性换挡曲面

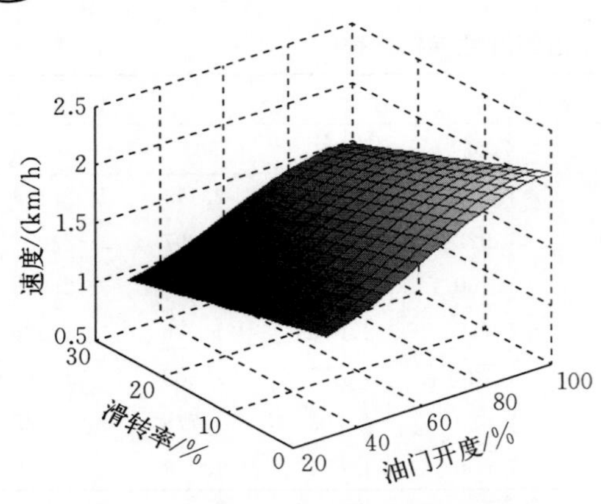

图 3-12　Ⅲ-Ⅳ挡经济性换挡曲面

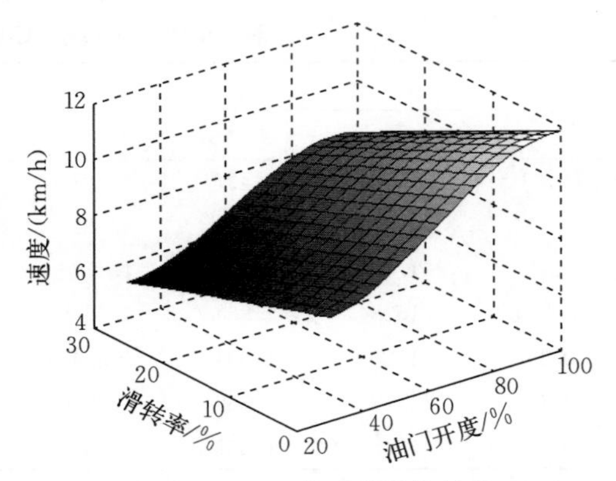

图 3-13　Ⅸ-Ⅹ挡经济性换挡曲面

与动力性换挡规律一样，以上得到的是拖拉机 AMT 经济性升挡规律，在经济性升挡规律的基础上给出一定的降挡速差，即可得到相对应的降挡规律（此处不再详述）。最后将求出的拖拉机 AMT 三参数经济性换挡规律输入到 ECU 中，即可根据实际需要实现拖拉机的经济性自动换挡。

本章求出的拖拉机 AMT 三参数动力性换挡规律和经济性换挡规律是完全基于传统理论求解方法得到的；而对于作业工况极其复杂的拖拉机来说，按照这种方法得到的换挡规律存在一定弊端，尤其求出的降挡规律不能够很好地发挥拖拉机的动力性和经济性。本书将利用模糊智能控制的方法对根据传统方法得到的降挡规律进行改进，控制拖拉机 AMT 的降挡过程，然后与按照传统方法解得的升挡规律匹配结合，共同完成拖拉机 AMT 的自动换挡过程，其具体方法将在下一节详细介绍。

3.2 AMT 换挡模糊控制策略制定

拖拉机 AMT 的换挡规律包括升挡规律和降挡规律。升挡规律利用图解法和解析法求解，降挡规律的求法以往是在求解出的升挡规律基础上给出一定的延迟速度后得到。由于这种方法存在硬顶的缺陷，本章将利用模糊控制原理来制定拖拉机 AMT 的降挡规律，然后与传统方法求出的升挡规律结合组成拖拉机 AMT 最佳换挡规律，进而控制挡位的变化。

3.2.1 模糊换挡策略

图 3-14 是按照传统的方法求解出的拖拉机部分换挡规律。

由于拖拉机作业机组是一个极其复杂的系统，而且其作业工况比起汽车等其他车辆来说更加复杂多变，按照图 3-14 中的求解方法并不能很好地满足拖拉机作业的需求，这主要表现在：①拖拉机机组的作业方式主要是悬挂农机具作业和运输作业，很多情况下都是牵引作业，其作业过程中拖拉机的驱动力必须与机组牵引力保持一致，才能保证机组的正常工作，牵引力受到了驱动轮滑转率的影响。②拖拉机的作业环境大多数是在田间，经常会碰到原本平缓的路面上突然出现石块、杂草、树根及田间洼地、田地坡度等凸凹不平的地表状态，使行驶阻力发生变化；另外，由于天气、气候等外界环境条件因素的影响会造成同一地区土壤

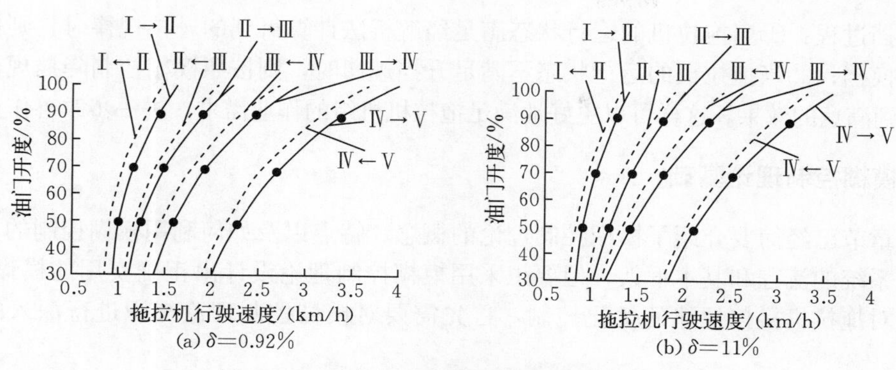

图 3-14 拖拉机 AMT 三参数部分换挡规律

的机械物理性质、湿度以及农作物的生长状态等变化不一，进而导致拖拉机机组的作业负荷不断发生着改变。所有这些都会造成拖拉机驱动轮滑转率的变化无常，最终会出现拖拉机行驶速度不断变化的情况。③与汽车相比，拖拉机机组的速度小得多，其相邻两升挡速度之间也相差很小，而降挡速度处于两相邻升挡速度之间，如果给出的降挡速差不准确，很可能会造成频繁换挡和意外换挡的情况。从图 3-14 可以看出，如果给出的降挡速差小了，当行驶速度变化频繁时，仍然会出现频繁换挡的情况，降低了换挡品质；而如果给出的降挡速差大了，对于作业工况变化复杂的拖拉机会出现不能及时在其最佳挡位工作的状况，这样会影响拖拉机性能的发挥，大大降低拖拉机的动力性和燃油经济性，进而给其作业过程造成不良的后果。

本节利用模糊控制原理，对基于传统方法求解出的拖拉机 AMT 三参数降挡规律进行改进，之后与通过解析法计算得到的拖拉机升挡规律组合，最终得出拖拉机 AMT 三参数换挡规律。将换挡规律转换为计算机程序输入 ECU，并按照图 3-15 所示的控制方式来控制拖

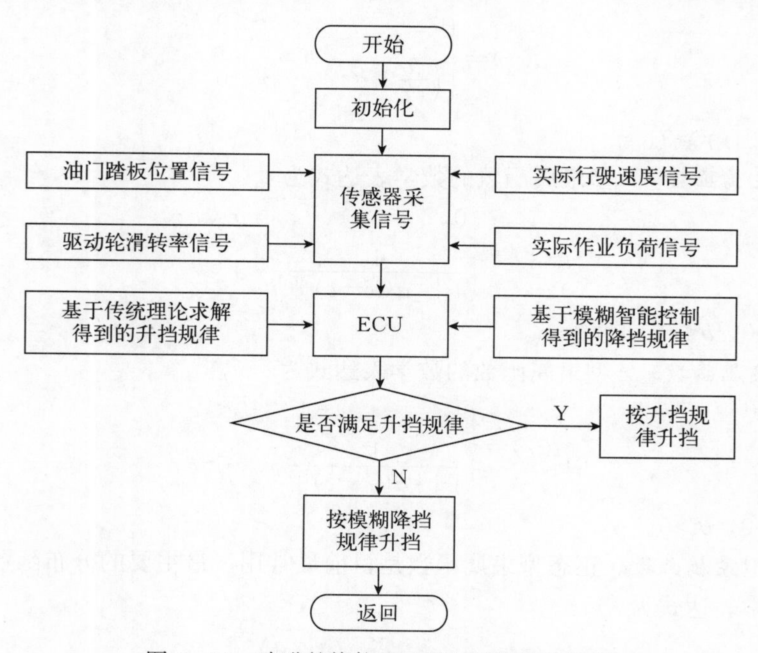

图 3-15 改进的拖拉机 AMT 换挡过程流程

拉机的换挡过程：①当拖拉机的运行状态满足经解析法计算得到的升挡规律时，则按照升挡规律进行换挡；②当拖拉机的运行状态不满足升挡规律时，则按照模糊控制降挡规律进行换挡，以达到满意的效果。这样可以更好地满足拖拉机机组的作业需求，进一步改善作业质量。

3.2.2 模糊控制理论基础

前面章节已经简要介绍了模糊控制理论的概念、特点以及如何利用模糊控制的方法优化控制某一系统的流程和基本框架，但要想采用模糊控制理论设计出正确实用的模糊控制器，最终实现对拖拉机换挡规律的优化控制，首先需要对模糊控制理论知识进行深入的学习和理解。

3.2.2.1 模糊集合与隶属度

给定某一论域 X，X 到闭区间 [0，1] 上的任一映射 μ_A，满足

$$\mu_A(x)=\begin{cases}1, & x\in A \\ (0,\ 1), & x \text{ 属于 } A \text{ 的程度} \\ 0, & x\notin A\end{cases} \tag{3-33}$$

式中：A 称为模糊集合，由 $\mu_A(x)$ 和 0、1 构成，$\mu_A(x)$ 表示元素 x 属于模糊集合 A 的程度，也称为模糊集合 A 的隶属度，也可以记为 $A(x)$，取值范围为 [0，1]。μ_A 称为模糊子集的隶属函数。

3.2.2.2 隶属函数

隶属函数用来描述模糊集合，其确定过程受到了人为主观因素的影响。目前常用的隶属函数分布类型有四种：Γ 型、S 型、Z 型和正态型。

（1）Γ 型隶属函数。Γ 型隶属函数的数学表达式为

$$\mu(x)=\begin{cases}0, & x<0 \\ \left(\dfrac{x}{\lambda\Upsilon}\right)^{\gamma} e^{\gamma-\frac{x}{\lambda}}, & x\geqslant 0\end{cases} \tag{3-34}$$

式中：$\lambda>0$，$\gamma>0$。

（2）S 型隶属函数。S 型隶属函数的数学表达式为

$$\mu(x)=\begin{cases}0, & x<c \\ \dfrac{1}{1+[a(x-c)]^{b}}, & x\geqslant c\end{cases} \tag{3-35}$$

式中：$a>0$，$b<0$。

（3）Z 型隶属函数。Z 型隶属函数的数学表达式为

$$\mu(x)=\begin{cases}1, & x\leqslant c \\ \dfrac{1}{1+[a(x-c)]^{b}}, & x>c\end{cases} \tag{3-36}$$

式中：$a>0$，$b>0$。

（4）正态型隶属函数。正态型隶属函数是目前最常用、最主要的分布函数，又称高斯隶属函数，其数学表达式为

$$\mu(x)=\exp\left[-\left(\frac{x-a}{\sigma}\right)^{2}\right] \tag{3-37}$$

式中：$\sigma>0$，其大小直接影响各变量隶属函数的形状，而隶属函数形状不同会导致各变量模糊子集的分辨率及模糊系统控制特性不同。

3.2.2.3 模糊推理

模糊推理的过程是对一个待定表述问题的解释过程。在模糊系统中，根据模糊推理机制完成当前模糊输入集 $\mu_A(x)$ 与所有的模糊规则前提模式相匹配，并结合其响应产生一个单独的模糊输出集 $\mu_B(y)$。该过程定义如下：

$$\mu_B(y)=\hat{\sum_x}[\mu_A(x)\hat{\cdot}\mu_B(x,y)] \tag{3-38}$$

式中应用三角范式 $\hat{\sum_x}$ 的目的在于计算待定值 x 时，满足两个隶属函数之间的匹配。当 $\hat{\sum}$ 和 $\hat{\cdot}$ 分别表示加法算子和乘法算子时，则有

$$\mu_B(y)=\int_D\mu_A(x)\mu_B(x,\ y)\mathrm{d}x \tag{3-39}$$

式（3-39）要求对于任意的模糊输入集合，应满足在输入域 D 上都是 n 维可积的。

模糊推理过程的输出结果是一个模糊集，模糊控制器的输出是一个定值，要将两者匹配起来，需要将模糊推理的结果反模糊化。模糊推理结果反模糊化的方法主要有简单平均法、最大隶属函数法、重力中心法和 α 水平重力中心法四种。

目前，模糊推理的方法主要有 Mamdani 型推理法和 Sugeno 型推理法。其中，Mamdani 型推理法使用的最多，同时也是模糊推理方法的基础；它的优点在于直观，即具有广泛的接受性，尤其适用于人工输入等。

3.2.3 拖拉机 AMT 模糊换挡控制基本原理

模糊自动换挡控制的基本原理如图 3-16 所示。图中 h 点速度 v_h 为某一油门开度和滑转率下，拖拉机Ⅱ挡升Ⅲ挡的速度，g 点速度 v_g 为该油门开度和滑转率下Ⅱ挡的最小速度，a 点速度 v_a 为处于以上两者之间且处于相同油门开度和滑转率下的任一速度，即 $v_g<v_a<v_h$。当行驶速度达到或超过 v_h 时，拖拉机按升挡规律升挡，当行驶速度处于 v_g 和 v_h 之间时，要根据具体的路况和拖拉机的工况综合考虑究竟是该降挡还是保持挡位。

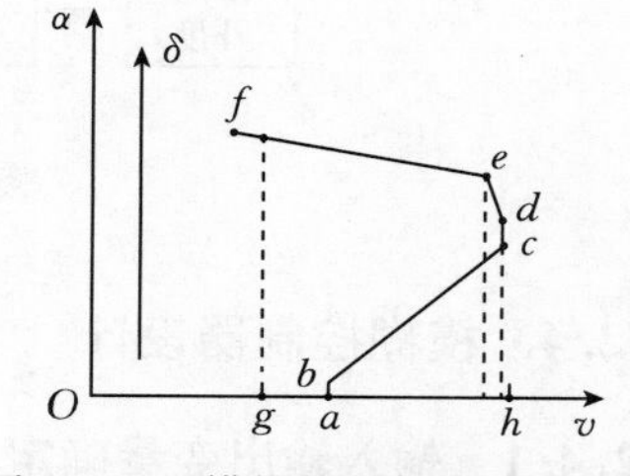

图 3-16 模糊换挡控制基本原理

模糊换挡控制策略如图 3-17 所示，拖拉机的行驶速度主要受到发动机油门开度 α 和滑转率 δ 的影响。滑转率 δ 反映了作业路况的好坏和作业工况的优劣程度，将驱动轮滑转率大致分为小滑转率、中等滑转率和大滑转率三个范围，滑转率越小表明路况越好。当拖拉机处于小滑转率范围时，即图中 ab 段，此时随着滑转率加大，损失的车速小于随着油门开度的变大而增加的车速，二者叠加后使车速开始增加，直至达到升挡速度；当处于中等滑转率范围时，即 bcd 段，此时随着滑转率加大，损失的车速等于或大于随着油门开度的变大而增加的车速，二者叠加后使车速保持不变或者开始缓慢降低；当处于大滑转率范围时，即 de 段，随着油门开度的增加，滑转率会进一步迅速变大，当滑转率达到某一允许值后，拖拉机附着

性能急剧变坏，发动机的输出功率严重损失，导致车速急剧降低，此时应该减小负荷，降挡行驶。可以把 ab 段、bcd 段和 de 段分别称为临界升挡阶段、临界降挡阶段和降挡阶段。

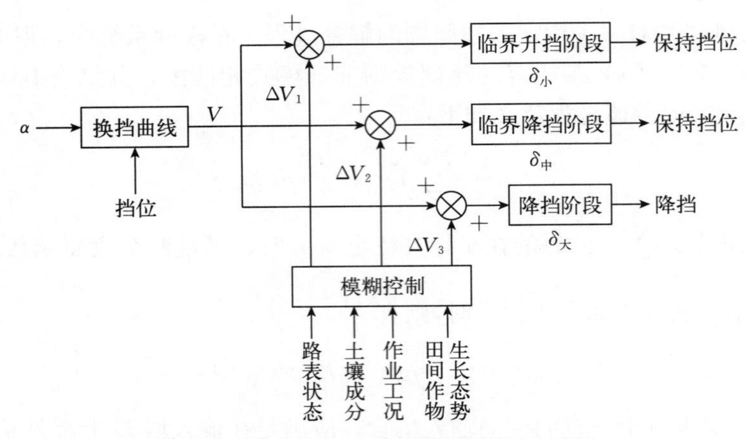

图 3－17　拖拉机 AMT 模糊换挡控制策略

按照以上控制策略，可以得出拖拉机 AMT 模糊换挡推理模型，如图 3－18 所示。本文选择比较常用的两输入单输出控制模型，即以分别表征拖拉机作业工况和路况的油门开度和驱动轮滑转率两个因素作为输入量，以反映挡位变化的挡位修正量作为输出量。

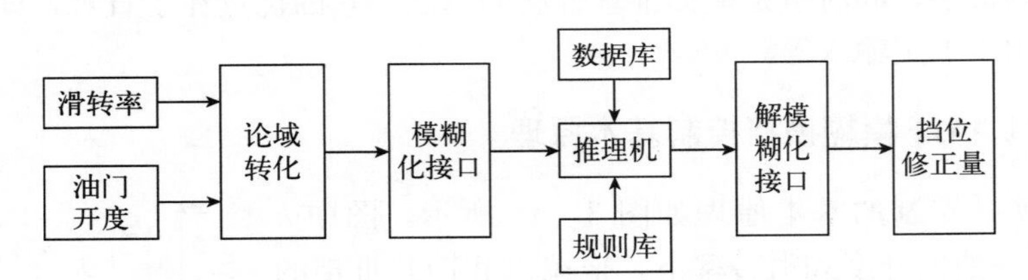

图 3－18　拖拉机 AMT 模糊换挡推理模型

3.2.4　模糊控制器设计

3.2.4.1　输入输出变量确定

模糊控制系统主要作用是自动判断拖拉机何时降挡或者保持挡位，根据图 3－18 选取影响拖拉机挡位变化的控制参数油门开度 α 和驱动轮滑转率 δ 作为输入量，选取挡位修正量 ΔR 作为输出量。该系统为双输入单输出结构，即二维单变量模糊控制系统。输出量的挡位修正量 ΔR 是用来判断拖拉机运行过程中挡位变化的情况，也就是拖拉机是该降挡还是保持当前挡位不变。输入输出变量的模糊语言词集选择需要适中，选择的词集多，可以方便地制定控制规则，但控制规则相当复杂；选择的词集过少，变量的描述过于粗糙，会导致设计的控制器性能变坏。为此，根据需要设定其输入输出变量的模糊语言词集分别为：

油门开度 α 取“很小”（VS）、“小”（S）、“中小”（MS）、“中大”（MB）、“大”（B）、“很大”（VB）6 个词集。

驱动轮滑转率 δ 取“很小”（VS）、“微小”（WS）、“微大”（WB）、“中大”（MB）、

"大"(B)、"很大"(VB) 6个词集。

挡位修正量 ΔR 取"负小"(NS)、"负零"(NZ)、"正零"(PZ) 3个词集。

当论域中元素的总数为模糊子集总数的2～3倍时，模糊子集对论域的覆盖程度较好。因此，选取各变量的论域如下：

X_α 为 {0，1，2，3，4，5，6，7，8，9，10，11，12，13}，X_δ 为 {0，1，2，3，4，5，6，7，8，9，10，11，12，13，14}，$X_{\Delta R}$ 为 {−3，−2，−1，0，1}。根据试验相关数据和控制要求，油门开度和滑转率的取值范围分别定为 [30%，100%] 和 [0，30%]，挡位修正量的取值范围定为 [−1，0]。

3.2.4.2 隶属函数确定

隶属函数是指模糊集合的特征函数，反映事物的渐变性。它的确定应遵守以下几个原则：①表示隶属函数的模糊集合具有单峰特性；②输入输出变量所选取的隶属函数应是对称平衡的；③隶属函数的选择要符合人们的语义顺序，避免不恰当的重叠；④变量论域中的每个点应该处于一个隶属函数与两个隶属函数区域之间；⑤对于同一输入变量，它的最大隶属度对应的隶属函数只有一个；⑥当两个隶属度函数重叠时，重叠部分不能出现两个隶属函数最大隶属度的交叉。

这里选择常用的正态型函数作为输入输出变量的隶属函数。各变量的隶属函数求解如下：

(1) 油门开度的隶属函数。按照式(3-37)建立油门开度 α 各模糊子集的隶属函数：

$$\mu_{VS\alpha}=1,\ 0\leqslant x\leqslant a_1,\ \mu_{VS\alpha}=\exp\left[-\left(\frac{x-a_1}{\sigma_1}\right)^2\right],\ x>a_1 \tag{3-40}$$

$$\mu_{S\alpha}=\exp\left[-\left(\frac{x-a_2}{\sigma_2}\right)^2\right],\ \mu_{MS\alpha}=\exp\left[-\left(\frac{x-a_3}{\sigma_3}\right)^2\right] \tag{3-41}$$

$$\mu_{MB\alpha}=\exp\left[-\left(\frac{x-a_4}{\sigma_4}\right)^2\right],\ \mu_{B\alpha}=\exp\left[-\left(\frac{x-a_5}{\sigma_5}\right)^2\right] \tag{3-42}$$

$$\mu_{VB\alpha}=1,\ 0<x<a_6,\ \mu_{VB\alpha}=\exp\left[-\left(\frac{x-a_6}{\sigma_6}\right)^2\right],\ x\geqslant a_6 \tag{3-43}$$

由于不同的驾驶员对油门开度 α 的敏感程度相差很小，所以油门开度各模糊子集隶属函数的形状差别不大。而油门开度隶属函数的形状主要受 σ 大小的影响，为了便于运算，设定

$$\sigma_1=\sigma_2=\sigma_3=\sigma_4=\sigma_5=\sigma_6=L \tag{3-44}$$

除了 σ 外，模糊控制系统的特性还受相邻两个模糊子集之间的影响程度 β 大小的影响。当 β 值较大时，所设计的模糊控制器适应控制对象的特性参数变化的能力较强；当 β 值较小时，模糊系统的控制灵敏度比较高。一般 β 值取0.4～0.8，β 值过大时会造成相邻两个模糊子集难以区分，导致控制系统的控制灵敏度显著下降。在此，取 $\beta=0.5$，可以得到下式：

$$\max[\mu_{VS\alpha}(x)\wedge\mu_{S\alpha}(x)]=\max[\mu_{S\alpha}(x)\wedge\mu_{MS\alpha}(x)]=0.5 \tag{3-45}$$

$$\max[\mu_{MS\alpha}(x)\wedge\mu_{MB\alpha}(x)]=\max[\mu_{MB\alpha}(x)\wedge\mu_{B\alpha}(x)]=0.5 \tag{3-46}$$

$$\max[\mu_{B\alpha}(x)\wedge\mu_{VB\alpha}(x)]=0.5 \tag{3-47}$$

根据前文油门开度 α 的论域范围，设定 $a_1=0$，$a_6=13$，再结合式(3-40)至式(3-47)，可以计算得到

$$\sigma_1=\sigma_2=\sigma_3=\sigma_4=\sigma_5=\sigma_6=1.104$$

$$a_2=2.6,\ a_3=5.2,\ a_4=7.8,\ a_5=10.4$$

由隶数函数可以计算出模糊输入变量 α 的赋值表（表 3-12）。

表 3-12 模糊输入变量 α 的赋值表

α	0	1	2	3	4	5	6	7	8	9	10	11	12	13
VS	1	0.44	0.04	0	0	0	0	0	0	0	0	0	0	0
S	0	0.01	0.07	0.09	0.02	0.01	0	0	0	0	0	0	0	0
MS	0	0	0	0.02	0.31	0.97	0.59	0.07	0	0	0	0	0	0
MB	0	0	0	0	0	0	0.07	0.59	0.97	0.31	0.02	0	0	0
B	0	0	0	0	0	0	0	0	0.01	0.02	0.09	0.02	0.01	0
VB	1	1	1	1	1	1	1	1	1	1	1	1	1	1

油门开度 α 各模糊子集的隶属函数曲线如图 3-19 所示。

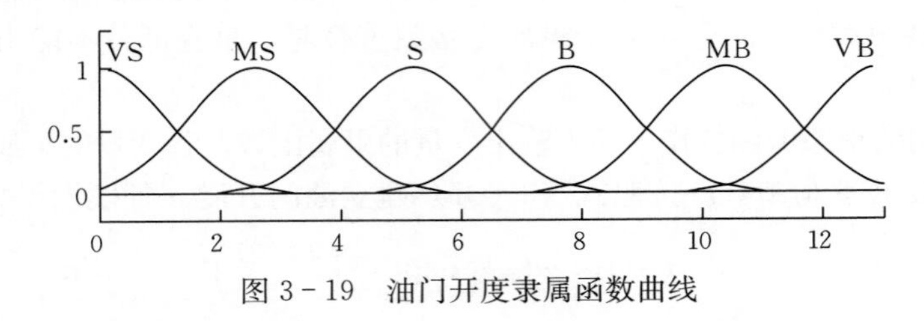

图 3-19 油门开度隶属函数曲线

（2）驱动轮滑转率的隶属函数。按照式（3-37）建立驱动轮滑转率 δ 各模糊子集的隶属函数：

$$\mu_{VS\delta}=1,\ 0\leqslant x\leqslant a_1,\ \mu_{VS\delta}=\exp\left[-\left(\frac{x-a_1}{\sigma_1}\right)^2\right],\ x>a_1 \tag{3-48}$$

$$\mu_{WS\delta}=\exp\left[-\left(\frac{x-a_2}{\sigma_2}\right)^2\right],\ \mu_{WB\delta}=\exp\left[-\left(\frac{x-a_3}{\sigma_3}\right)^2\right] \tag{3-49}$$

$$\mu_{MB\delta}=\exp\left[-\left(\frac{x-a_4}{\sigma_4}\right)^2\right],\ \mu_{B\delta}=\exp\left[-\left(\frac{x-a_5}{\sigma_5}\right)^2\right] \tag{3-50}$$

$$\mu_{VB\delta}=1,\ 0<x<a_6,\ \mu_{VB\delta}=\exp\left[-\left(\frac{x-a_6}{\sigma_6}\right)^2\right],\ x\geqslant a_6 \tag{3-51}$$

同理，设定

$$\sigma_1=\sigma_2=\sigma_3=\sigma_4=\sigma_5=\sigma_6=L \tag{3-52}$$

$$\max[\mu_{VS\delta}(x)\wedge\mu_{WS\delta}(x)]=\max[\mu_{WS\delta}(x)\wedge\mu_{WB\delta}(x)]=0.5 \tag{3-53}$$

$$\max[\mu_{WB\delta}(x)\wedge\mu_{MB\delta}(x)]=\max[\mu_{MB\delta}(x)\wedge\mu_{B\delta}(x)]=0.5 \tag{3-54}$$

$$\max[\mu_{B\delta}(x)\wedge\mu_{VB\delta}(x)]=0.5 \tag{3-55}$$

根据滑转率 δ 的论域范围，设定 $a_1=0$、$a_6=14$，再结合式（3-48)至式（3-55)，可以计算得到

$$\sigma_1=\sigma_2=\sigma_3=\sigma_4=\sigma_5=\sigma_6=1.189$$

$$a_2=2.8,\ a_3=5.6,\ a_4=8.4,\ a_5=11.2$$

由隶属函数可以计算出模糊输入变量 δ 的赋值表（表 3－13）。

表 3－13　模糊输入变量 δ 的赋值表

δ	0	1	2	3	4	5	6	7	8	9	10	11	12	13	14
VS	1	0.49	0.06	0	0	0	0	0	0	0	0	0	0	0	0
WS	0	0.1	0.64	0.97	0.36	0.03	0	0	0	0	0	0	0	0	0
WB	0	0	0	0.01	0.16	0.78	0.89	0.25	0	0	0	0	0	0	0
MB	0	0	0	0	0	0	0.02	0.25	0.02	0.78	0.16	0.01	0	0	0
B	0	0	0	0	0	0	0	0	0.89	0.03	0.36	0.97	0.64	0.	0
VB	1	1	1	1	1	1	1	1	1	1	1	1	1	1	1

驱动轮滑转率 δ 各模糊子集的隶属函数曲线如图 3－20 所示。

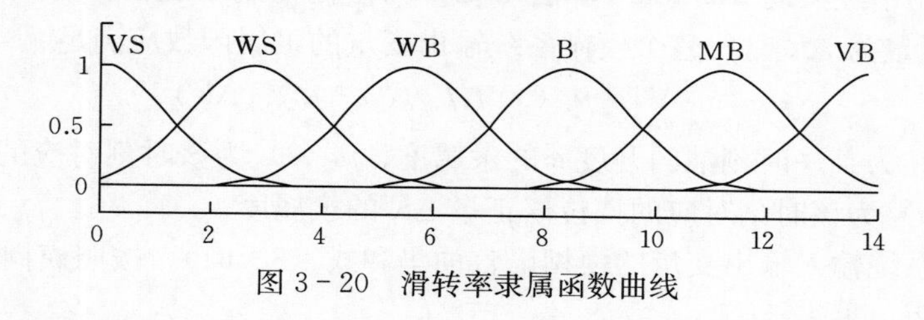

图 3－20　滑转率隶属函数曲线

（3）挡位修正量的隶属函数。按照式（3－37）建立挡位修正量 ΔR 各模糊子集的隶属函数：

$$\mu_{NS\Delta R}=1,\ x\leqslant a_1,\ \mu_{NS\Delta R}=\exp\left[-\left(\frac{x-a_1}{\sigma_1}\right)^2\right],\ a_1<x\leqslant 0 \qquad (3-56)$$

$$\mu_{NZ\Delta R}=\exp\left[-\left(\frac{x-a_2}{\sigma_2}\right)^2\right] \qquad (3-57)$$

$$\mu_{PZ\Delta R}=1,\ x<a_3,\ \mu_{PZ\Delta R}=\exp\left[-\left(\frac{x-a_3}{\sigma_3}\right)^2\right],\ a_3\leqslant x \qquad (3-58)$$

同理，设定

$$\sigma_1=\sigma_2=\sigma_3=L \qquad (3-59)$$

$$\max[\mu_{NS\Delta R}(x)\wedge\mu_{NZ\Delta R}(x)]=\max[\mu_{NZ\Delta R}(x)\wedge\mu_{PZ\Delta R}(x)]=0.5 \qquad (3-60)$$

根据挡位修正量 ΔR 的论域范围，设定 $a_1=-3$、$a_3=1$，再结合式（3－56）至式（3－60），可以计算得到

$$\sigma_1=\sigma_2=\sigma_3=0.8491$$

$$a_2=-1$$

由隶属函数可以计算出模糊输出变量 ΔR 的赋值表（表 3－14）。

表 3－14　模糊输出变量 ΔR 的赋值表

ΔR	−3	−2	−1	0	1
NS	1	0.25	0	0	0
NZ	0	0.25	1	0.25	0
PZ	1	1	1	1	1

挡位修正量 ΔR 各模糊子集的隶属函数曲线如图 3-21 所示。

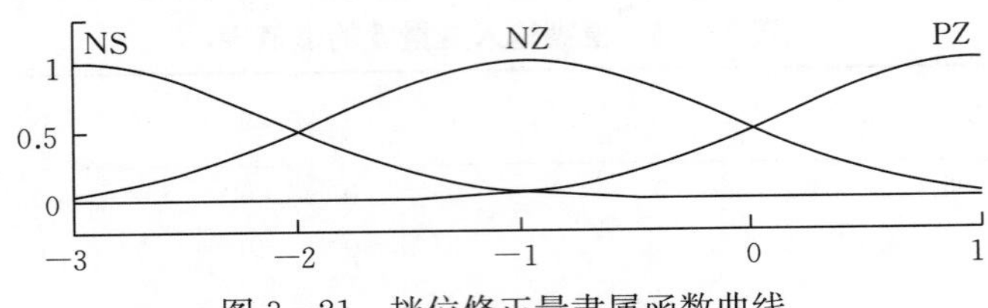

图 3-21　挡位修正量隶属函数曲线

3.2.4.3　模糊控制规则建立

模糊控制器的控制规则是用模糊语言表示拖拉机优秀驾驶员的换挡操作经验。根据这一经验并按照油门开度 α 和滑转率 δ 两个输入量的模糊子集，可以得到该模糊推理原则共 36 条。

根据模糊控制中经典的 Mamdani 算法可知，当模糊控制系统某一时刻对应的输入变量为 α 和 δ、输出变量为 ΔR 时，整个模糊系统输出变量的隶属函数应满足

$$\mu_{\Delta R}=\bigvee_{\alpha\in u,\delta\in v}\left[\mu_{\alpha_i}(\alpha)\wedge\mu_{\delta_i}(\delta)\wedge\mu_{\Delta R_i}(\Delta R)\right] \tag{3-61}$$

式中：$\mu_{\alpha_i}(\alpha)$ 为某一时刻油门开度 α 的隶属度；$\mu_{\delta_i}(\alpha)$ 为该时刻对应的驱动轮滑转率 δ 的隶属度；$\mu_{\Delta R_i}(\alpha)$ 为该时刻对应的挡位修正量 ΔR 的隶属度。

根据该控制系统输入输出变量的模糊语言词集和式（3-61），按照模糊推理原则制定降挡模糊控制规则表，见表 3-15。

表 3-15　拖拉机 AMT 模糊控制规则表

α \ ΔR \ δ	VS	WS	WB	MB	B	VB
VS	PZ	PZ	PZ	NZ	NZ	NS
S	PZ	PZ	PZ	NZ	NZ	NS
MS	PZ	PZ	NZ	NZ	NS	NS
MB	PZ	PZ	NZ	NS	NS	NS
B	PZ	NZ	NZ	NS	NS	NS
VB	PZ	NZ	NZ	NS	NS	NS

根据表 3-12 至表 3-15 中的数据和规则绘制拖拉机 AMT 模糊换挡控制规律论域曲面，如图 3-22 所示，从图中可以确定出模糊控制输入量和输出量论域子集的一一对应关系，然后将对应的论域关系反模糊化后转化为实际数值即可得到相对应的模糊控制换挡规律。

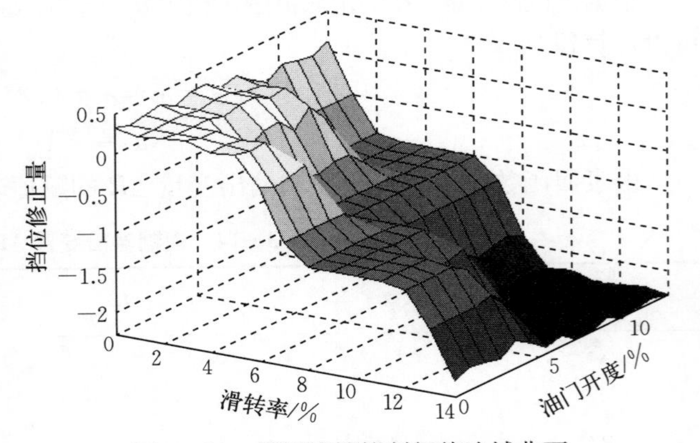

图 3-22　模糊换挡控制规律论域曲面

将以上制定的模糊换挡控制规律转化为计算机程序语言后输入到 ECU 中，与按照 3.1 节中的解析法求解得到的升

挡规律优化结合后组成拖拉机 AMT 最佳三参数换挡规律，利用该规律可实现拖拉机 AMT 的自动换挡，使拖拉机机组始终保持最佳工作挡位，更好地满足拖拉机机组作业质量的需求。

3.3 AMT 换挡规律仿真分析

为了更好地理解采用不同的方法得到的换挡规律对拖拉机机组动力性和经济性的影响程度，利用仿真技术建立拖拉机动力传动系统仿真模型和换挡规律仿真模型，分析验证改进后的拖拉机 AMT 换挡规律的实用性和优越性。

3.3.1 拖拉机动力传动系统仿真模型

3.3.1.1 动力传动系统简化前提条件

以 Matlab/Simulink 结构仿真软件为平台，建立拖拉机动力传动系统仿真模型，以此来研究所制定的换挡规律对拖拉机作业机组性能的影响。由于拖拉机机组异常复杂，因此建模前需要对整个系统进行简化处理。为了保证简化后的系统仍然具有动态特性，假设：

（1）简化前后不考虑传动系统零部件的弹性阻尼。
（2）忽略牵引农机具的磨损情况。
（3）忽略传动系统摆振和扭振的影响。
（4）半轴和传动轴只传递转矩。
（5）只考虑拖拉机机组直线行驶时的动力学特性。
（6）仅考虑拖拉机机组动力传动系统中发动机输出功率的损失。

3.3.1.2 拖拉机发动机仿真模型

建立拖拉机发动机仿真模型的目的就是要根据拖拉机机组作业运行状况来得出相对应的输出转矩和耗油量，进而来评价拖拉机的动力性和燃油经济性。由于拖拉机作业工况极其复杂，发动机的工作过程受到不同工况下的负荷、转速及发动机的点火时刻、燃油供给等因素的影响，因此要想建立精确的发动机仿真模型异常困难。为此，在满足拖拉机机组仿真要求的前提下，用表征发动机部分特性的仿真模型来表示拖拉机发动机仿真模型。

根据发动机的特性，采用 Matlab/Simulink 软件所提供的 Look－Up Table 仿真模块对拖拉机发动机的实验数据经过插值拟合后计算得到输出转矩和耗油量。该方法计算精确、速度快，能够满足仿真的需求。

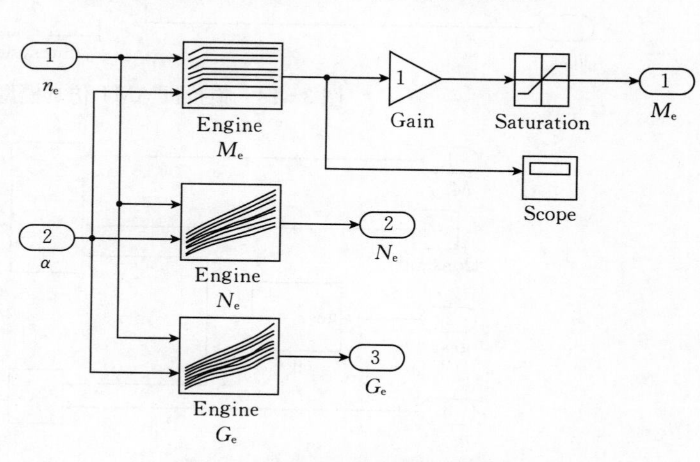

图 3－23 拖拉机发动机仿真模型

图 3－23 为拖拉机发动机的仿真模型，模型的输入端为发动机油门开度 α 和转速 n_e，输出端为发动机的输出转矩 M_e 和小时燃油量 G_e。考虑到转矩

的影响，再次加上调整系数，用 Gain 模块表示。

拖拉机发动机的油门开度 α 和转速 n_e 经过 “Engine M_e” 模块和 “Engine G_e” 模块后，利用双线性插值拟合后可分别得到拖拉机发动机的输出转矩 M_e 和小时耗油量 G_e。

3.3.1.3 拖拉机 AMT 仿真模型

拖拉机作业机组换挡过程中离合器分离与接合时间很短，在构建整个传动系统仿真模型时先忽略离合器的影响。拖拉机变速器系统主要通过改变发动机转矩和转速来适应不同作业环境。

变速器挡位传动比见表 3-16。

表 3-16 变速器挡位传动比

挡位	Ⅰ	Ⅱ	Ⅲ	Ⅳ	Ⅴ
低速挡	9.78	7.27	5.38	4.00	2.89
高速挡	2.44	1.82	1.35	1.00	0.72

拖拉机变速器仿真模型如图 3-24 所示，变速器模型的输入量为变速器输入转矩 M_{e_in}、当前的挡位 gear、变速器输出转速 n_{e_out}，输出量为发动机的输出转速和转矩。图 3-24 中的 Saturation 模块用来限定发动机输出转速，可以通过模拟不同转速范围的发动机工况，检验拖拉机机组作业工况不同阶段下的工作性能。图 3-25 是拖拉机变速器仿真模型子系统，利用该模块可按照当前挡位对变速器的输入输出转矩进行相应的处理，能够及时客观地反映拖拉机动力传动系统的状态。

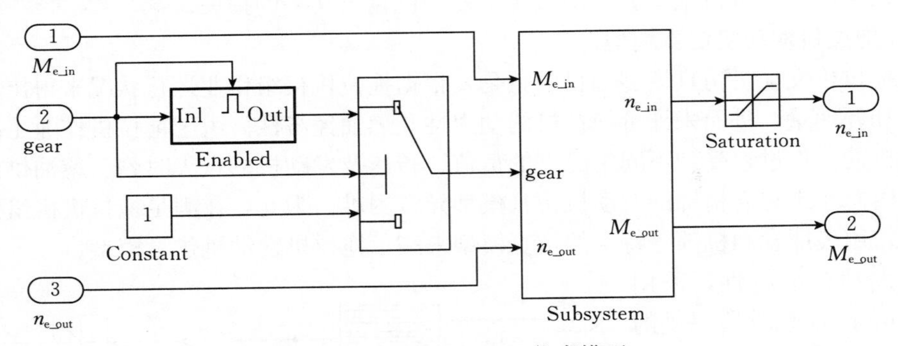

图 3-24 拖拉机 AMT 仿真模型

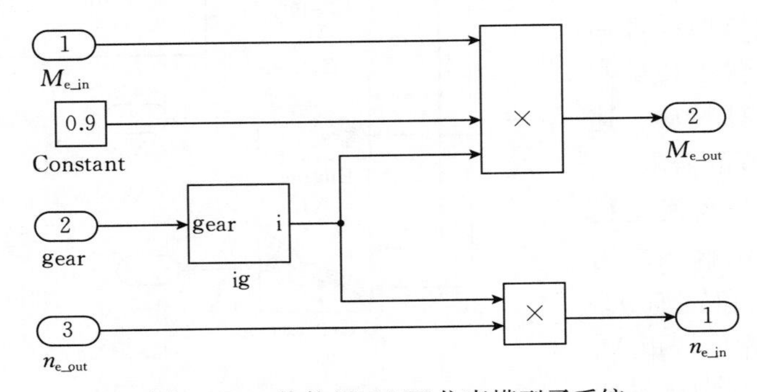

图 3-25 拖拉机 AMT 仿真模型子系统

3.3.1.4 拖拉机动力学仿真模型

拖拉机动力学仿真模型用来研究拖拉机机组直线行驶时的驱动特性，分析换挡规律对换挡品质的影响。要建立该仿真模型，则需要弄清拖拉机作业过程中受到的各种外力，然后根据力的平衡建立拖拉机行驶数学模型，利用该数学模型可以估算出拖拉机的车速和换挡冲击度，同时可以建立动力学仿真模型。关于拖拉机作业过程中的受力情况，在本章3.1节中已经给出。衡量拖拉机换挡品质的冲击度是通过对拖拉机机组加速度求导后得到，由式（3-1）可得其加速度为

$$\frac{\mathrm{d}v_a}{\mathrm{d}t}=\frac{F_q-F_T-F_f-F_i}{M} \tag{3-62}$$

由式（3-1）至式（3-9）和式（3-62）可建立图3-26所示的拖拉机机组动力学仿真模型。

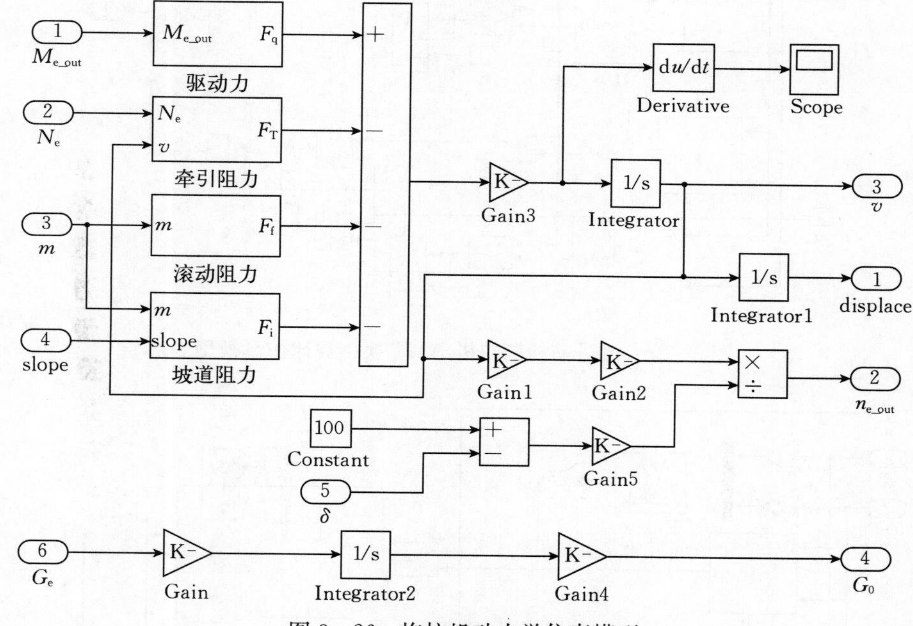

图3-26 拖拉机动力学仿真模型

模型的输入端：M_{e_out}为经过传动系统后的输出驱动力矩，N_e为发动机有效输出功率；G_0为拖拉机经过时间t的总耗油量，是关于每小时燃油消耗量G_e在一定时间t上的积分，根据G_0可得到拖拉机机组整车耗油量。

模型输出端：当前拖拉机行驶速度v、位移、拖拉机机组耗油量G_0以及利用车速求出的变速器输出转速n_{e_out}。

换挡冲击加快了机组零部件的磨损，同时会引起发动机功率利用程度降低，影响作业的平稳性，使作业质量变差。利用该仿真模型可得到拖拉机机组作业状态下的行驶速度和换挡过程中的冲击度，为进一步改善换挡品质提供依据。

3.3.2 换挡规律仿真模型

换挡规律仿真模型是整个拖拉机动力传动系统仿真模型的核心，拖拉机机组按照该规律

实现自动换挡，如图 3 - 27 和图 3 - 28 所示。换挡规律仿真模型输入为发动机油门开度 α、驱动轮滑转 δ 和行驶速度 v，输出为满足拖拉机作业需求的挡位 gear。

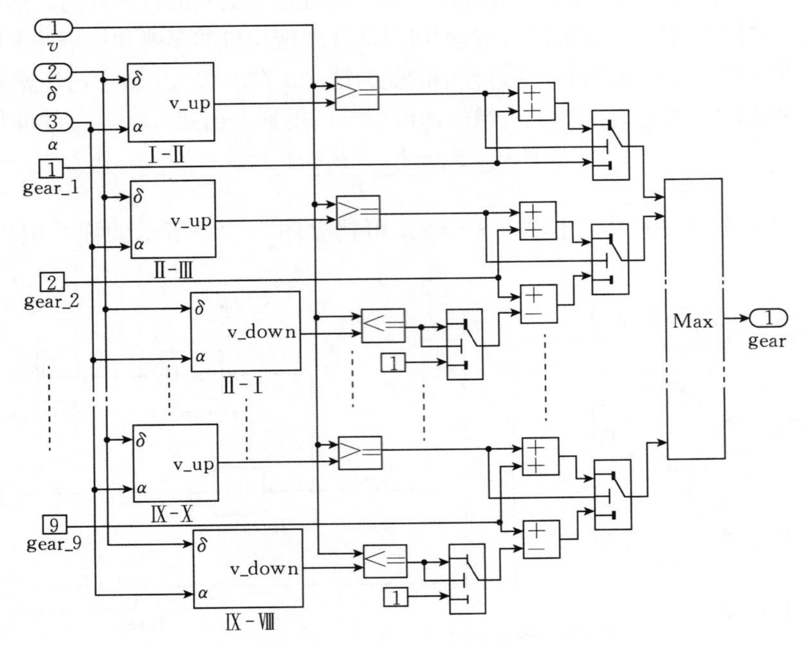

图 3 - 27　改进前的拖拉机 AMT 换挡规律仿真模型

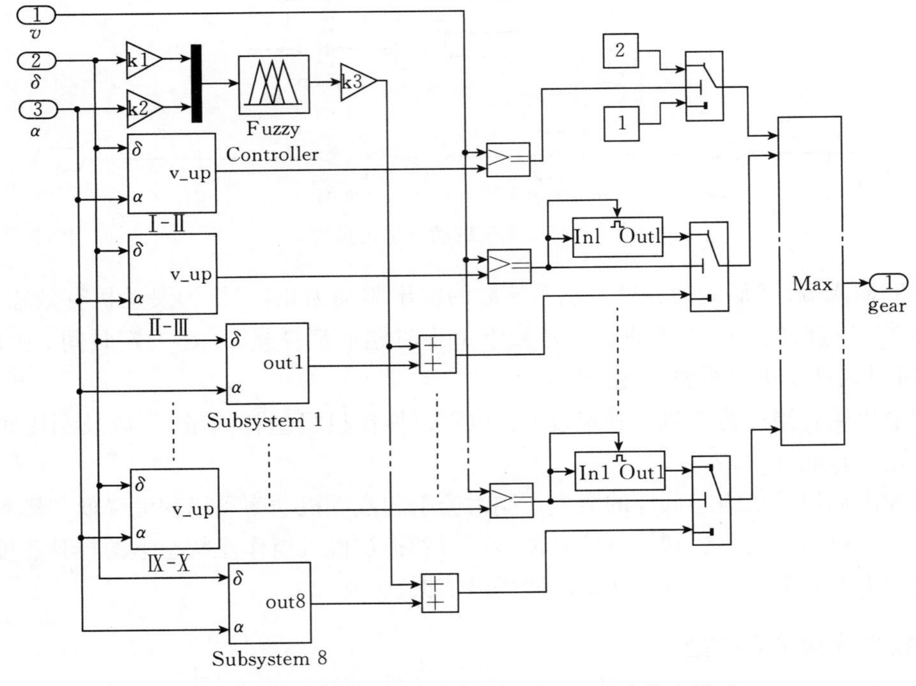

图 3 - 28　改进后的拖拉机 AMT 换挡规律仿真模型

换挡规律仿真模型主要由升挡规律和降挡规律模块组成，改进前后的换挡规律仿真模型的不同主要在于降挡模块的差异。图 3-27 是改进前的换挡规律仿真模型，图 3-28 是经过模糊控制改进后的换挡规律仿真模型。图 3-27 和图 3-28 中的“Ⅰ-Ⅱ”“Ⅱ-Ⅲ”……“Ⅸ-Ⅹ”为变速器相邻两挡之间的升挡模块，图 3-29 为该升挡模块的子系统；图 3-27 中的“Ⅱ-Ⅰ”……“Ⅸ-Ⅷ”是改进前的变速器相邻两挡间降挡模块，其内部子系统与升挡模块子系统相似；图 3-28 中的“Fuzzy Controller”和“Subsystem1”“Subsystem2”……“Subsystem8”一起构成模糊控制降挡模块，图 3-30 为模糊控制降挡模块子系统。

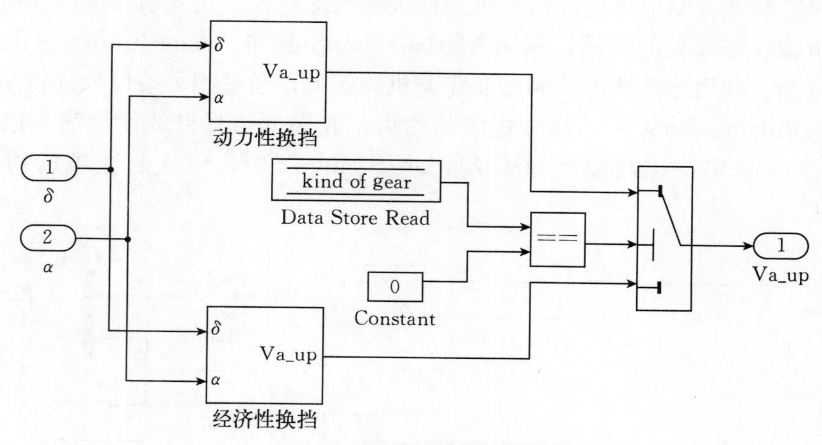

图 3-29 升挡模块子系统

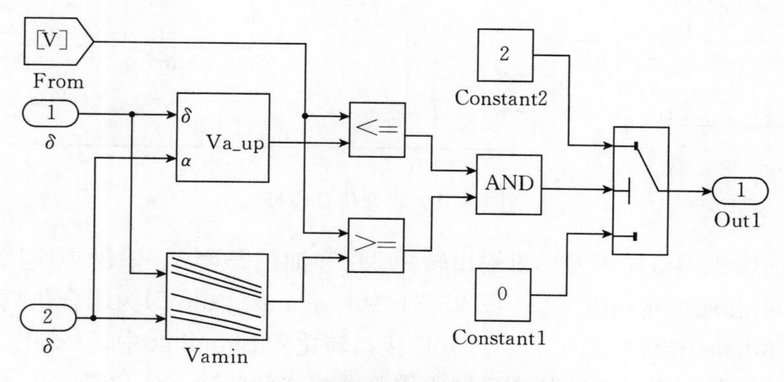

图 3-30 模糊控制降挡模块子系统

图 3-29 中的“kind of gear”模块用来输入已经存储在 ECU 中的数据，即选择动力性换挡还是经济性换挡，实际中是用传感器采集拖拉机发动机负荷信号，与 ECU 中存储的拖拉机发动机负荷信息相比对，经比较判断后确定出所要选择的换挡规律类型。

这里以Ⅱ挡与Ⅲ挡之间的换挡过程为例来说明升挡模块和降挡模块的功用。拖拉机机组实际作业时，根据传感器采集到的油门开度和滑转率信号，分别从升挡模块子系统和降挡模块子系统内的换挡规律表中确定出Ⅱ挡与Ⅲ挡之间的理论升挡速度和降挡速度，以及Ⅱ挡最小速度，然后与实际测到的车速相比较。当实际车速达到Ⅱ-Ⅲ挡的升挡速度时，拖拉机变速器即从Ⅱ挡升入Ⅲ挡；当实际车速介于Ⅱ-Ⅲ挡的升挡速度和Ⅱ挡最小速度之间时，拖拉机变速器则按照ECU中存储的模糊换挡控制原则进行判断是降挡还是保持挡位。利用经过模糊控制改进后的换挡规律，可以在不同作业工况下更加及时、准确地选择合适的挡位，最大限度地发挥拖拉机机组的动力性和经济性，更好地完成作业目标。

3.3.3 换挡过程联合仿真模型

拖拉机实际换挡过程中，输入到变速器的转矩其中一部分用于负载损失。为了更加细致地观察经过模糊智能控制改进后的拖拉机换挡规律的优越性，在此借助虚拟样机技术，考虑换挡过程中负载转矩损失的影响，利用Matlab/Simulink和Adams/Controls两仿真软件建立联合仿真模型。利用三维软件绘制好变速器机构模型，通过相关接口软件将绘制好的机械系统模型输入Adams/View中，添加相应的约束，并根据仿真目的设计输入输出变量。利用Adams/Controls将该控制模型导入Matlab/Simulink中，建立起完整的仿真模型，如图3-31所示。

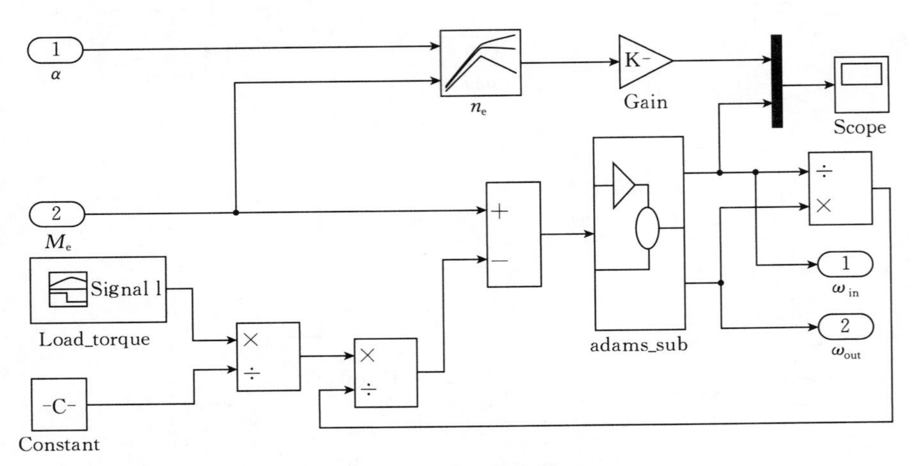

图3-31 联合仿真模型

仿真模型的输入为拖拉机发动机输出转矩M_e和油门开度α，输出为换挡过程中变速器的输入角速度ω_{in}和输出角速度ω_{out}。图3-31中的adams _ sub即为联合仿真模块，该模块的输入输出在Adams软件中设定并经过软件接口转化到Simulink中，Load _ torque为传感器实时采集到的负载转矩。考虑到变速器Ⅰ挡与Ⅱ挡之间的速比变化最大，本文以Ⅰ挡换Ⅱ挡为例进行仿真分析。

3.3.4 换挡规律仿真分析

3.3.4.1 拖拉机机组整体仿真模型

建立好各组成部分的仿真模型后，利用通信数据信号连接各模型，添加数据初始模块、输入模块和输出显示模块，然后即可得到拖拉机机组整体仿真模型，如图3-32所示。利用该仿真模型，分析比较改进前后的拖拉机AMT三参数换挡规律对拖拉机机组性能的影响，验证改进后换挡规律的正确性和优越性。

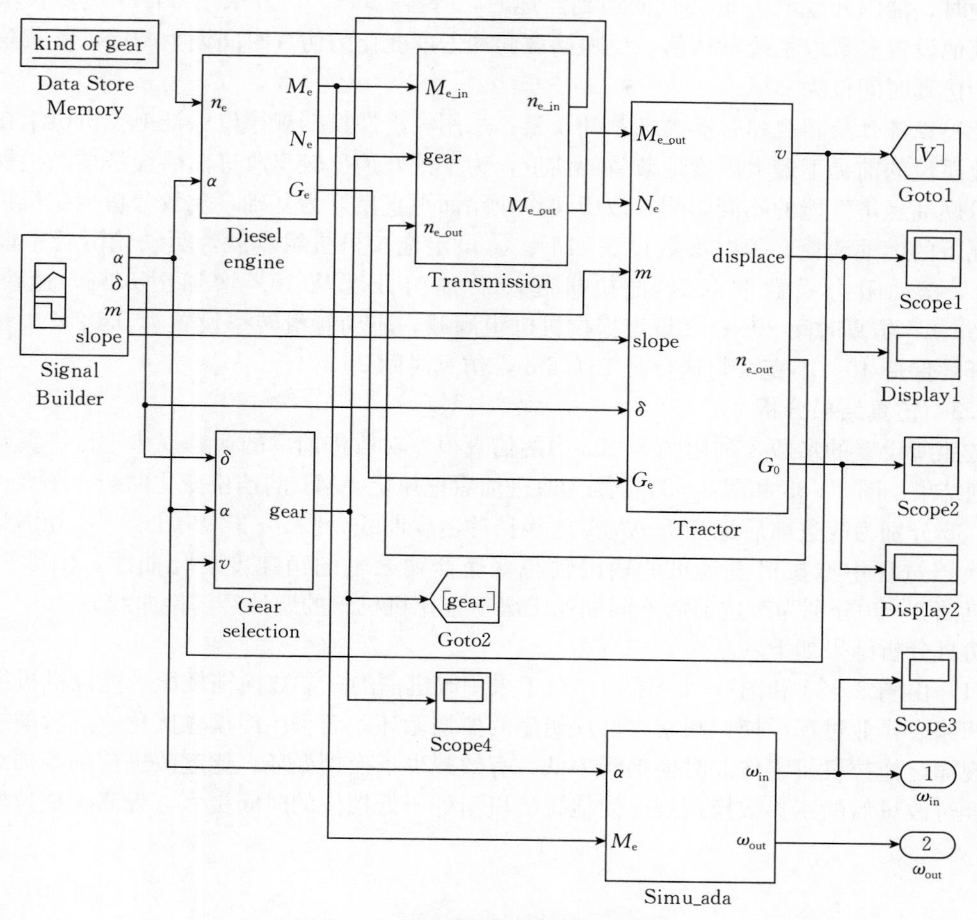

图 3-32　拖拉机机组整体仿真模型

所需要的拖拉机整车参数如表 3-17 所示。

表 3-17　拖拉机整车参数

整车质量/kg	驱动车轮半径/m	整车换算质量/($N \cdot s^2/m$)	轴距/m	后轮到重心的距离/m	最大动载利用系数	主传动比
3 500	0.765	9 600	2.334	0.908	1.29	40.887

3.3.4.2　仿真工况参数设置

（1）*动力性换挡规律仿真工况参数设置*。为了更好地比较优化前后的拖拉机 AMT 三参数动力性换挡规律对拖拉机机组动力性不同的影响，在此设置拖拉机 AMT 动力性换挡规律仿真工况参数：仿真的路况为田间凸凹不平的路表状态。为了便于仿真分析，在此忽略土壤成分的不同和农作物生长状况对机组的影响。凸凹路表的作业具体为拖拉机从平直的田间路面出发，经过一些田埂和坑洼，滚动阻力系数取 0.2，机械传动效率取 0.9，田埂坡度 γ 正弦值分别设为 6%、7.5%和 8%，洼地坡度的正弦值分别设为 5%、4%和 2.5%，田埂与沟洼之间有连续的，也有分散开的。拖拉机机组在平直路面行驶时，油门开度设为 37%；遇到田埂时，油门开度增至 63%；而遇到洼地时，降至 39%。仿真采用 ode45 定步长求解方法，其他设置参数取系统默认值，反映挡位和冲击度变化的仿真时间设为 10 s，反映角速度变化的仿真时间设为 20 s。

（2）经济性换挡规律仿真工况参数设置。采用经济性换挡规律以保证拖拉机机组在满足其作业质量的前提下最大限度地节省耗油量，为了更好地比较出改进前后经济性换挡规律对拖拉机燃油经济性能的不同影响，以田间作业路面平直良好为基础，比较分析拖拉机机组两种工况下的燃油消耗。工况参数设置如下：①设定拖拉机机组满载，驱动轮滑转率设置为 0.92%，滚动阻力系数取 0.2，拖拉机起步后油门开度从 40% 增加至 65%，速度增至 24.9 km/h，仿真时间 20 s；②设定拖拉机机组满载，驱动轮滑转率设置为 0.92%，起步后油门开度保持 40% 不变，匀速行驶 131.2 m，仿真时间 20 s。

3.3.4.3 仿真结果分析

按照所设置的参数，利用图 3－32 中的仿真模型对改进前后的换挡规律进行仿真，可得到下列结果：图 3－33 和图 3－34 分别为改进前后拖拉机 AMT 的挡位变化曲线，图 3－35 和图 3－36 分别为改进前后拖拉机 AMT 的换挡冲击度曲线，图 3－37 和图 3－38 分别为改进前后换挡过程中拖拉机发动机的输出轴与变速器输入轴的角速度变化曲线，图 3－39 和发动机图 3－40分别为改进前后不同加速工况下拖拉机机组的燃油经济性曲线。

仿真分析结果如下：

（1）由图 3－33 和图 3－34 可知，对于采用改进前的三参数换挡规律，拖拉机机组在田间凸凹路表作业过程中换挡频繁，出现明显的换挡循环；而采用经模糊优化改进后的三参数换挡规律，拖拉机机组作业时换挡频率低，有效减少了换挡循环。比起改进前的换挡规律来说，经过改进后的三参数换挡规律使拖拉机机组处于低挡位的时间更多，提高了拖拉机的动力性。

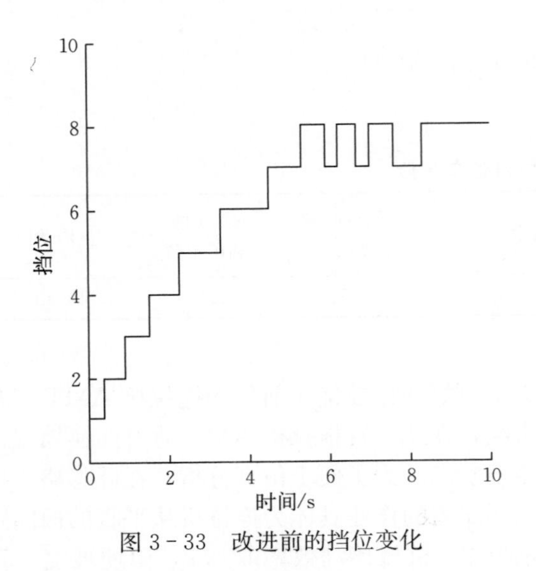

图 3－33 改进前的挡位变化

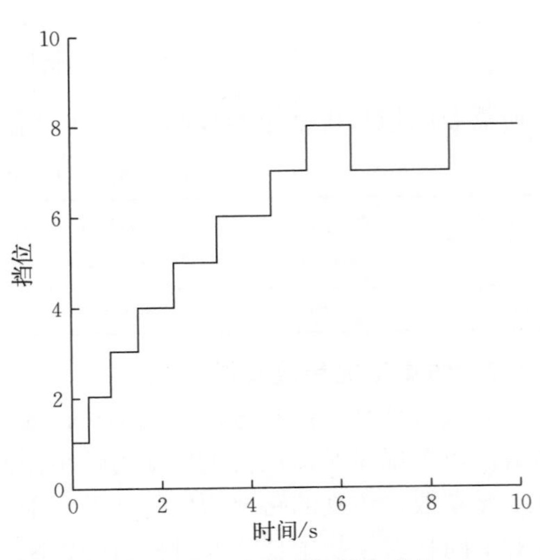

图 3－34 改进后的挡位变化

（2）由图 3－35 和图 3－36 可知，采用改进前的三参数换挡规律，拖拉机机组作业过程中换挡冲击大，变化频繁；采用改进后的三参数换挡规律，换挡冲击大大减小，而且变化也较小，从而得出经过改进后的三参数换挡规律可以有效地改善拖拉机的换挡品质，提高了拖拉机机组的作业质量。

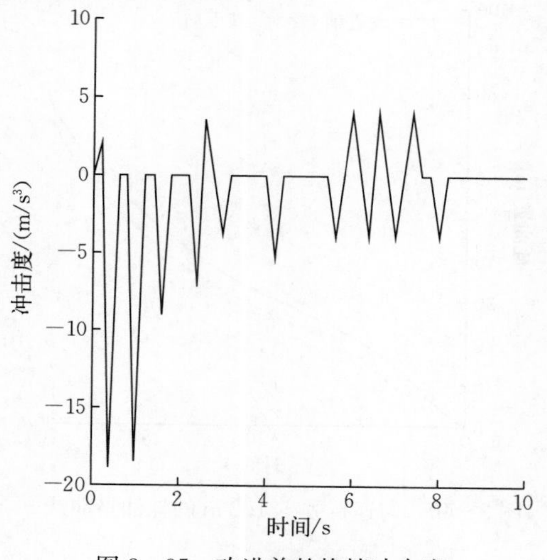

图 3-35　改进前的换挡冲击度

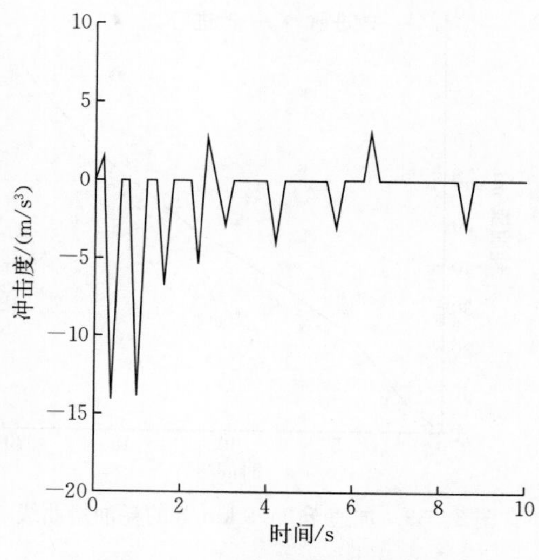

图 3-36　改进后的换挡冲击度

（3）由图 3-37 和图 3-38 可知，与改进前的换挡规律相比，采用改进后的三参数换挡规律能够使拖拉机 AMT 换挡加快、换挡过程更加平稳，有效地降低了换挡冲击以及由此带来的传动部件的震动和噪声等，提高了整个传动系统的使用寿命和拖拉机的动力性。

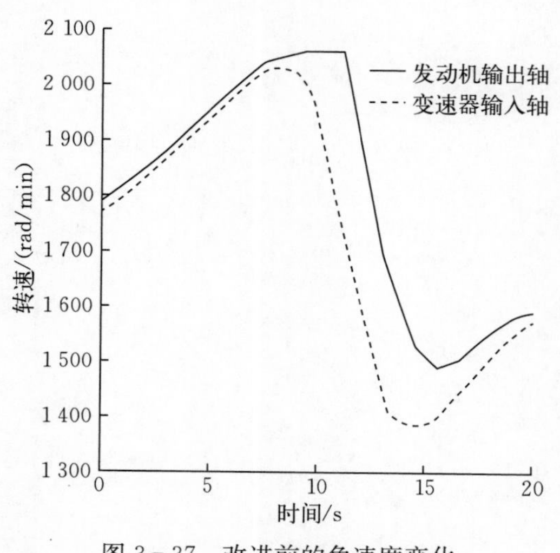

图 3-37　改进前的角速度变化

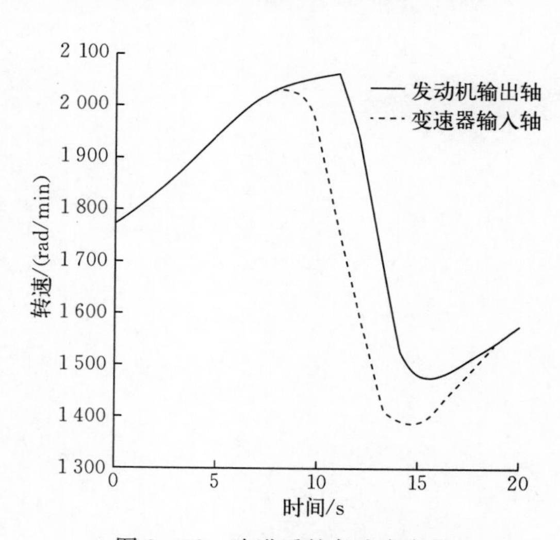

图 3-38　改进后的角速度变化

（4）由图 3-39 和图 3-40 可知，当拖拉机运输作业起步后加速至 24.9 km/h 时，采用改进前的三参数换挡规律，其耗油量为 87.42 mL；而采用改进后的三参数换挡规律，其耗油量为 81.7 mL，节省了 6.54%。当拖拉机运输作业起步后匀速行驶 131.2 m 时，采用改进前的三参数换挡规律，其耗油量为 78.62 mL；而采用优化后的三参数换挡规律，其耗油量为 72.31 mL，节省了 8.03%。由此可见，采用改进后的三参数换挡规律可以明显改善拖拉机机组的经济性能，尤其对于运输作业的拖拉机机组更是如此。

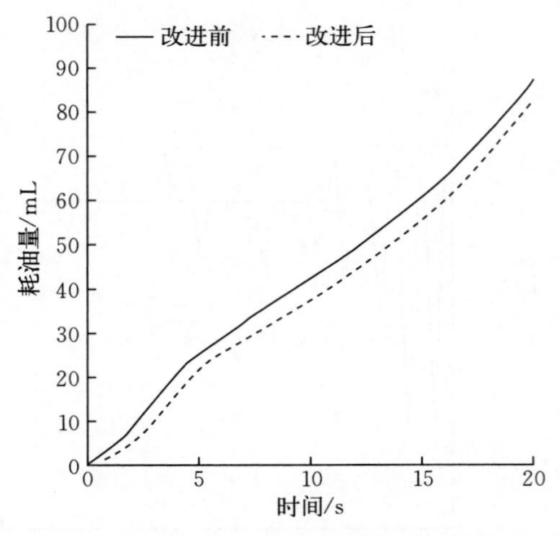

图 3-39　加速至 24.9 km/h 的耗油量曲线

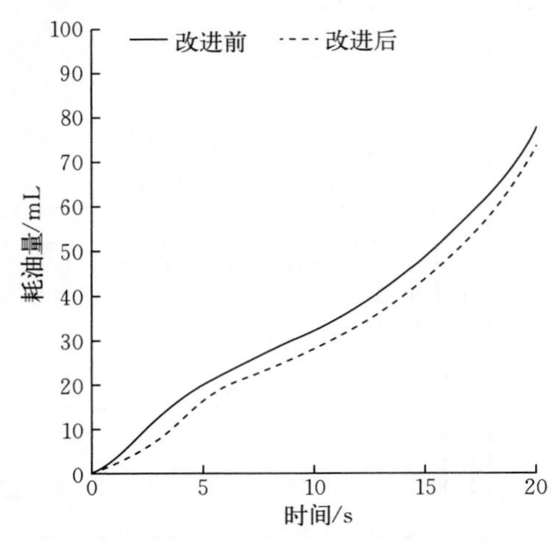

图 3-40　匀速行驶 131.2 m 的耗油量曲线

第4章 电控机械式自动变速器电控系统软件设计

4.1 拖拉机AMT电控系统软件功能分析

为使拖拉机AMT系统正常工作，不仅需要合理的机械结构和控制器硬件系统，还必须具备高质量的软件来高效地管理系统资源，确保AMT系统准确无误运作。通过分析拖拉机AMT电控系统总体功能设计要求，确定系统输入输出控制参数及其内在联系，为拖拉机AMT电控系统软件的设计开发奠定基础。

4.1.1 拖拉机AMT电控系统设计方案

拖拉机AMT电控系统硬件资源是进行系统软件设计的基础，软件是实现拖拉机动力性和经济性最佳匹配的重要部分，同时对保证驾驶员生命安全也发挥着重要作用。

拖拉机AMT电控系统的功能是：依据驾驶员的驾驶意图和拖拉机的运行状态，自动调整传动部件的工作状态和传动比，达到获得最优传动效率和最佳拖拉机行驶性能的目的。如图4-1所示，拖拉机AMT电控系统的硬件主要由以下部分组成。

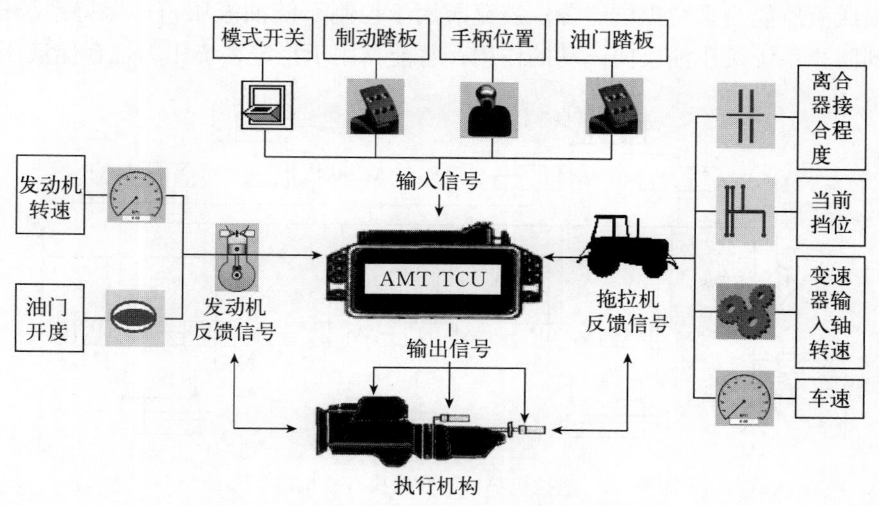

图4-1 拖拉机AMT电控单元系统原理

4.1.1.1 拖拉机运行参数检测系统

拖拉机运行参数检测系统主要用于检测两部分参数：驾驶意图参数（输入信号）和车辆运行信息参数（反馈信号）。车速雷达、车轮转速传感器、变速器输入轴转速传感器、发动机转速传感器等采集的速度和转速信号反映了当前拖拉机的工作运行状态。驾驶员根据当前拖拉机的运行状态和外部作业环境信息，通过模式开关、换挡手柄、油门踏板和制动踏板表达驾驶意图，模式开关、换挡手柄位置传感器、油门踏板位移传感器和制动踏板位移传感器将反映驾驶意图信息的电压信号输入变速器控制单元（transmission control unit，TCU）。

4.1.1.2 变速器控制单元

TCU是整个拖拉机AMT电控系统的核心，具有运算功能，内部存储有离合器接合规律、自动换挡规律、发动机油门调整规律等多个控制规律。根据传感器和模式开关传递的信号判断驾驶员的驾驶意图和拖拉机运行状态后，可以对油门开度大小、挡位切换和离合器接合分离进行控制，使三者实现最优匹配，从而使拖拉机获得平稳的起步性能、迅速的换挡能力和良好的行驶性能。

4.1.1.3 执行机构

执行机构是实现拖拉机变速的动作部件。它按照TCU发出的控制指令改变拖拉机的运行状态，包括离合器执行机构、换挡执行机构和发动机油门执行机构三个部分。按照执行机构动力源的类型，AMT有全电控制、电液控制和电气控制三种控制方式。本文研究的AMT基于东方红-MG拖拉机，在原有固定轴式变速器的基础上增加了液压换挡系统，形成了电液控制方式。原机械式变速器设有主、副变速杆，主变速杆可实现6个挡位（5个前进挡位和1个倒挡）变速，副变速杆可获得高速和低速两个速度区段，主、副变速杆结合使用可以使拖拉机实现10个前进挡、2个倒挡工作。

增加的换挡执行机构液压系统如图4-2所示。液压泵是换挡液压系统的动力元件，将机械能转换成液压能为系统提供能源；溢流阀用于控制系统油液压力，保持系统压力恒定；单向阀起到防止系统液压油反向流动的作用；蓄能器用于稳定系统压力，存储液压泵输出的

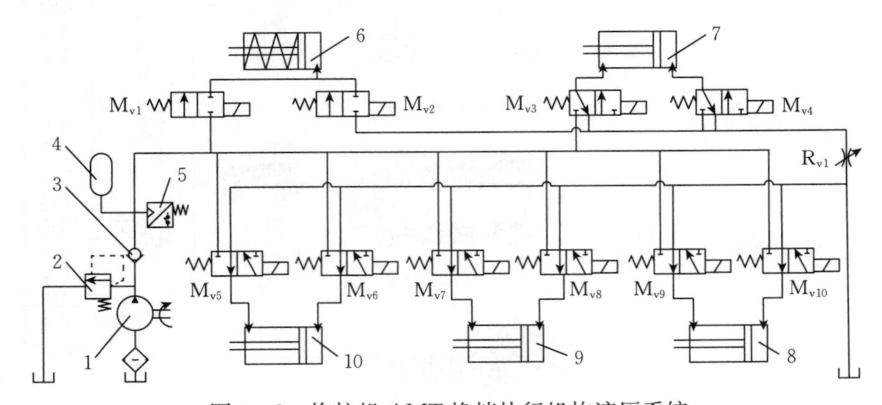

图4-2 拖拉机AMT换挡执行机构液压系统

1. 液压泵 2. 溢流阀 3. 单向阀 4. 蓄能器 5. 压力继电器 6. 离合器液压缸 7. 副变速液压缸 8. 换挡液压缸Ⅲ 9. 换挡液压缸Ⅱ 10. 换挡液压缸Ⅰ

多余液压油，在系统需要时释放出来，在系统中使用蓄能器可以减小系统液压泵的额定流量；压力继电器设有压力阈值，当液压系统压力达到阈值时，压力继电器发出电信号使液压泵停止工作，此时油路中的压力依靠蓄能器保持，达到节省能源的目的；M_{v1}、M_{v2}电磁阀控制离合器液压缸动作，M_{v3}、M_{v4}电磁阀控制副变速液压缸动作，M_{v5}、M_{v6}电磁阀控制换挡液压缸Ⅰ动作，M_{v7}、M_{v8}电磁阀控制换挡液压缸Ⅱ动作，M_{v9}、M_{v10}电磁阀控制换挡液压缸Ⅲ动作。

电磁阀工作状态与拖拉机挡位的具体对应关系如表 4-1 所示。拖拉机停车或发动机怠速运转时，拖拉机处于空挡位置，各个电磁阀均不通电，副变速液压缸活塞和三个换挡液压缸活塞处于中间位置。当进行低速区挡位切换时，TCU 控制 M_{v1} 打开，离合器液压缸进油。当离合器彻底分离后，离合器液压缸活塞位置传感器将信号反馈给 TCU，TCU 控制 M_{v3} 通电，副变速液压缸活塞移动，液压缸活塞与位置传感器连接。当拖拉机切换至低速挡，副变速液压缸活塞位置传感器将信息反馈给 TCU，TCU 控制 M_{v5}、M_{v6}/M_{v7}、M_{v8}/M_{v9}、M_{v10} 按照表 4-1 所示规则通断电，换挡液压缸活塞移动。当拖拉机 AMT 换入目标挡位，三个换挡液压缸活塞位置传感器将已换入目标挡位的信息反馈给 TCU 后，TCU 控制 M_{v2} 打开使离合器液压缸回油、离合器接合，完成换挡。

表 4-1 电磁阀工作状态与拖拉机挡位对应关系（0 表示通电，1 表示断电）

M_{v3}	M_{v4}	M_{v5}	M_{v6}	M_{v7}	M_{v8}	M_{v9}	M_{v10}	挡位
1	0	1	0	1	1	1	1	低 1 挡
1	0	0	1	1	1	1	1	低 2 挡
1	0	1	1	1	0	1	1	低 3 挡
1	0	1	1	1	1	1	0	低 4 挡
1	0	1	1	1	1	0	1	低 5 挡
1	0	1	1	0	1	1	1	低倒挡
0	1	1	0	1	1	1	1	高 1 挡
0	1	0	1	1	1	1	1	高 2 挡
0	1	1	1	1	0	1	1	高 3 挡
0	1	1	1	1	1	1	0	高 4 挡
0	1	1	1	1	1	0	1	高 5 挡
0	1	1	1	0	1	1	1	高倒挡
0	0	0	0	0	0	0	0	空挡

4.1.2 拖拉机 AMT 软件功能模块分析

拖拉机通常在田间悬挂作业农机具工作，不同的农机具使拖拉机受到的牵引阻力不同，对拖拉机行驶速度的要求差别也较大。如果不同的作业工况使用相同的换挡方法，就不能发挥拖拉机作业效率和经济性最优匹配效果。为了减轻拖拉机驾驶员的劳动强度，同时保持拖拉机的最佳使用性能，设置如表 4－2 所示的 AMT 操作模式。驾驶员可以根据具体的作业工况选择合适的行驶模式，拖拉机 AMT TCU 根据模式开关反映的信息判断驾驶员的驾驶意图。

表 4－2　拖拉机 AMT 操作模式

模式开关		手柄位置	
作业模式	其他模式	前进挡模式（D）	手动换挡模式（Ⅰ～Ⅴ挡）
犁耕 旋耕 耙地 播种 收获	N挡 R挡 巡航 高/低速 紧急制动 地头转向 经济/动力	起步功能 自动换挡功能	高Ⅰ～Ⅴ挡 低Ⅰ～Ⅴ挡

4.1.2.1　拖拉机作业模式功能

犁耕、旋耕、耙地、播种、收获是拖拉机田间经常工作的五种工况，驾驶员根据具体的作业工况可以在犁耕、旋耕、耙地、播种、收获这五种模式之中任选其一。拖拉机在进行犁耕、旋耕、播种、收获作业时，承受的负荷重，土壤阻力大，应尽量保持低挡位作业状态，充分发挥拖拉机的动力性能，提高作业效率；耙地属于中轻度负荷作业，可以适当增加拖拉机速度，提升作业挡位。根据东方红- MG 系列拖拉机在田间作业挡位调查，对各田间工作模式的挡位进行以下控制：

犁耕模式：将拖拉机自动变速的挡位控制在低速区Ⅱ、Ⅲ、Ⅳ挡，使用低Ⅱ挡起步。此模式下高/低速模式开关不起作用。

旋耕模式：将拖拉机自动变速的挡位控制在低速区Ⅰ、Ⅱ挡，使用低Ⅰ挡起步。此模式下高/低速模式开关不起作用。

耙地模式：将拖拉机自动变速的挡位控制在低速区Ⅲ、Ⅳ、Ⅴ挡和高速区Ⅰ、Ⅱ挡。低速区使用低Ⅲ挡起步，高速区使用高一挡起步。

播种模式：将拖拉机自动变速的挡位控制在低速区Ⅲ、Ⅳ、Ⅴ挡，使用低Ⅲ挡起步。此模式下高/低速模式开关不起作用。

收获模式：将拖拉机自动变速的挡位控制在低速区Ⅱ、Ⅲ挡，使用低Ⅱ挡起步。此模式下高/低速模式开关不起作用。

4.1.2.2　拖拉机前进挡模式功能

前进挡（D）是拖拉机驾驶员在进行田间作业和运输工作时最常使用的作业模式，该模式下拖拉机需要完成起步和自动换挡功能。拖拉机起步时冷却水的温度对柴油发动机性能影响较大，水温处于 80～90 ℃时燃油消耗最少，水温在 60 ℃时燃油消耗会增加 3%左右，水温在 30 ℃时燃油消耗会增加 25%左右，因此起步过程需要考虑冷却水温的变化。

拖拉机起步控制流程图如图 4－3 所示。拖拉机起步时，根据高/低速模式开关信号可以实现低Ⅰ挡或者高Ⅰ挡起步，首先分离离合器，变速器切换至Ⅰ挡，发动机启动后处于低速运转状态，使其转速保持在 800 r/min 左右空转；当冷却水温度传感器采集的温度信号达到 60 ℃时，逐渐增大油门开度来提高发动机转速，缓慢接合离合器，使拖拉机实现平稳起步。

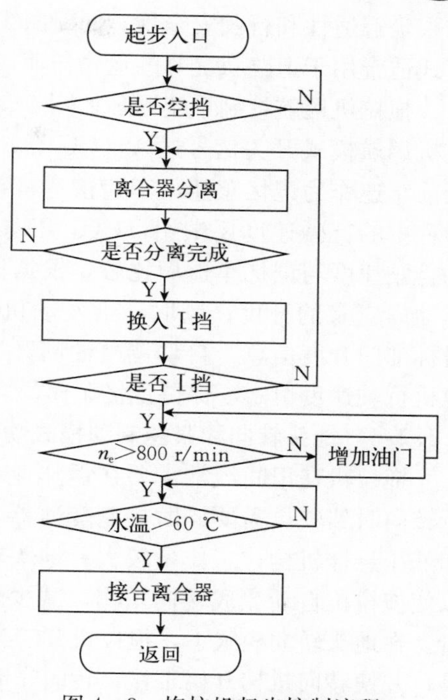

图 4-3 拖拉机起步控制流程

随着农产品流通量的大幅增加，拖拉机不只用于田间作业，还承担了农村多于 70%的运输工作，成为农民主要的交通运输工具之一。田间土壤松软，复杂田块地表不平，砂石多，杂草根茬多，存在障碍物，田间路面附着力较低。道路运输时，拖拉机的行驶路面平坦，附着性能较好，高挡、大油门行驶产生的燃油消耗少，经济性能好。田间作业和道路运输两种作业环境下拖拉机行驶条件差别较大，AMT 自动换挡策略应该有所不同，根据作业工况自动换挡分为经济性换挡和动力性换挡两种模式，通过经济/动力模式开关切换自动换挡规律。道路运输作业时选择经济模式，AMT 控制器自动调用经济性换挡规律，田间作业时选择动力模式，系统自动调用动力性换挡规律，使拖拉机的行驶速度和牵引力能够在更大范围内获得最优匹配，从而提高拖拉机的作业速度和效率，达到节能的目的。

4.1.2.3 N、R 模式功能

许多农机具作业需要拖拉机在行走的同时为其提供动力，比如旋耕、施肥、播种、喷雾等。也存在一些农机具如排灌机、脱粒机、发电机、搅拌机等，需要拖拉机的动力输出轴通过皮带或直接带动进行固定作业。进行固定作业时，发动机需要将部分或者全部动力传递给农机具，变速器不需要工作，此时需要使用 N 模式，使拖拉机变速器保持在空挡。

R 模式下拖拉机变速器处于倒挡，根据高/低速模式开关信号，TCU 会自动切换至高速区倒挡或者低速区倒挡，可以使拖拉机实现两种速度倒车行驶。为防止拖拉机在前进时误挂倒挡而损坏变速器，只有在拖拉机行驶速度为零时，系统才允许切换至倒挡，否则 R 模式开关不起作用。

4.1.2.4 手动换挡模式功能

手动换挡时，换挡手柄有 5 个位置（1、2、3、4、5），配合高/低速模式开关可以使拖拉机实现低 1、2、3、4、5 和高 1、2、3、4、5 共 10 个挡位行驶。与换挡手柄相连接的传感器采集手柄位置信号并发送到 TCU，TCU 执行相应程序改变变速器内部齿轮的啮合，改变传动比，完成换挡，并保持在换入的挡位下作业。设置手动换挡模式可以手动控制变速器的挡位，实现延迟、提前换挡。在自动换挡程序出现故障和错误时，拖拉机可以使用该模式作业或者移动至修理地点进行检修。

4.1.2.5 巡航模式功能

巡航模式下驾驶员不需要控制油门踏板，拖拉机可以保持在设定的巡航速度行驶。拖拉机行驶过程中减少了控制油门踏板的工作量，降低了驾驶员的驾驶强度，从而提高了拖拉机

的乘坐舒适性和行驶安全性；同时减少了不必要的拖拉机车速变化，提高了燃油经济性。该模式适合用于道路状况好的运输作业或者土壤环境良好的大面积作业。

拖拉机巡航控制系统原理如图 4－4 所示。拖拉机巡航模式开关信号送入 TCU 后，TCU 记录当前车速作为记忆车速，车速雷达将拖拉机行驶过程中的行驶速度反馈给 TCU，TCU 将拖拉机的行驶速度与记忆车速做比较，根据比较结果计算油门应有的开度；同时，给发动机 ECU 发送目标油门开度信息，自动调整油门开度，保证拖拉机行驶速度恒定，保持记忆车速。

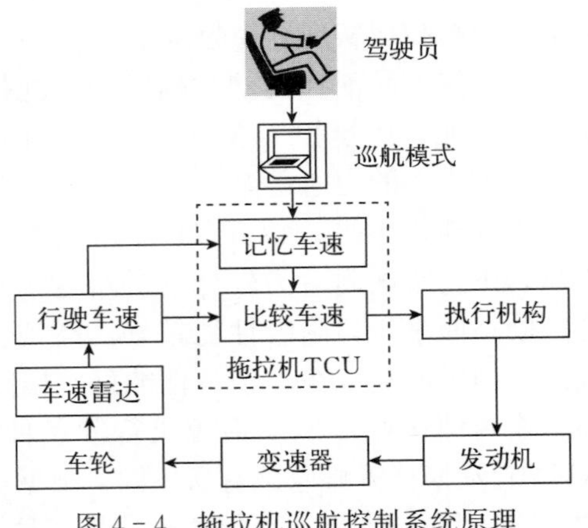

图 4－4　拖拉机巡航控制系统原理

4.1.2.6　地头转向和紧急制动模式功能

拖拉机在田间经常需要往返作业，在地头进行转向时驾驶员需要同时控制变速器、转向机构和液压悬挂机构，工作量较大。地头转向模式可以使拖拉机自动完成转向工作，减少驾驶员工作量。在地头转向模式下，拖拉机 TCU 自动控制油门开度，降低拖拉机行驶速度，提升农机具，并使转向机构开始工作，转向完成后拖拉机自动降低农机具至作业位置，同时提高拖拉机行驶速度继续作业。

拖拉机驾驶员的驾驶技术水平较低，操作全凭感觉，应对突发状况经验不足，在道路状况差的环境下运输作业，拖拉机事故的发生率较高。紧急制动模式可以防止驾驶员在遇到突发状况时错误操作，有效避免事故发生。但这种制动方式容易损坏零部件，非紧急状况不宜使用。拖拉机 TCU 接收到紧急制动开关信号时，使制动机构作用的同时分离离合器，使离合器和制动机构联合制动，将制动时间控制到最短。为了保证对紧急制动信号能够实时处理，将该模式的任务线程赋予最高级别的优先级。

4.1.3　拖拉机输入输出分析

拖拉机 AMT 是一个复杂的多输入多输出控制系统，在进行软件设计之前需要掌握 AMT 输入和输出信号的特征及类别。

4.1.3.1　输入信号

采用 TI 公司生产的 TMS320F28335 DSP 作为核心处理器，该 DSP 集成了快速中断管理单元，能够大幅减少中断延迟时间，满足拖拉机 AMT 系统实时控制要求；具有 1 个 IEEE754 单精度浮点处理单元，能够高效地处理 C 语言程序，从而使采用 C 语言编写的 AMT 系统控制算法和软件的更新更加方便、简单。

AMT 系统的输入信号如表 4－3 所示，输入信号表征了拖拉机的行驶环境、驾驶员的操作意图和拖拉机的运行状态，为系统输出提供依据。为满足 AMT 系统的控制要求，发动机的基本信息由发动机 ECU 通过 CAN 接口发送，其余信号需要通过传感器采集后送至 DSP 的外设模块。拖拉机 AMT 系统中，传感器采集的信号量可以分为三种类型：脉冲量、模拟量和开关量。

表 4-3 拖拉机 AMT 系统输入信号

输入类型	被测量	测量仪器	DSP 通道
脉冲量	驱动轮转速	车轮转速传感器	CAP3
	变速器输入轴转速	变速器输入轴转速传感器	CAP4
	发动机转速	发动机 ECU	CANTXA/CANRXA
模拟量	离合器液压缸活塞位置	离合器液压缸活塞位置传感器	ADCINA1
	制动踏板位置	制动踏板位置传感器	ADCINA2
	拖拉机行驶速度	拖拉机车速雷达	ADCINA3
	发动机冷却水温度	发动机冷却水温度传感器	ADCINA4
	换挡液压缸Ⅰ活塞位置	换挡液压缸Ⅰ活塞位置传感器	ADCINB1
	换挡液压缸Ⅱ活塞位置	换挡液压缸Ⅱ活塞位置传感器	ADCINB2
	换挡液压缸Ⅲ活塞位置	换挡液压缸Ⅲ活塞位置传感器	ADCINB3
	副变速液压缸活塞位置	副变速液压缸活塞位置传感器	ADCINB4
	油门开度	油门开度	CANTXA/CANRXA
开关量	高/低速模式	高/低速模式开关	GPIO13
	手柄位置 1/2/3/4/5/R/N/D	74HC147	GPIO 20/21/22/23
	旋耕模式 耙地模式 播种模式 收获模式 巡航模式 犁耕模式 紧急制动模式 地头转向模式 经济/动力模式	74HC147	GPIO 58/59/60/61

拖拉机驱动轮转速、变速器输入轴转速等转速信号由转速传感器采集后，以脉冲波形式输入到 28335 的增强型外设 CAP 模块。离合器液压缸活塞位移、制动踏板位移等模拟量信号由位移传感器采集后输入到 ADC 模块，模拟量需要进行数字化处理，其中三个换挡液压缸活塞位移用来确定当前拖拉机所处的挡位信息，为 AMT 换挡提供依据。模式开关和换挡手柄产生的开关信号经过 GPIO 识别后输送至 DSP，采用两块 74HC147 芯片（芯片 1 和芯片 2）实现对 GPIO 通道的扩展，从而减少系统对 GPIO 引脚的占用，每一块 74HC147 芯片能够将 4 个 GPIO 引脚扩展为 10 个开关量输入通道。开关量输入通道扩展软件控制规则如表 4-4 所示，发动机 ECU 将发动机转速等信息通过 CAN-A 接口与 TCU 共享。

表 4-4 拖拉机 AMT 系统开关信号软件控制规则

编号	74HC147 内容	信号名称	
		芯片 1	芯片 2
1	1110	Ⅰ挡	经济/动力
2	1101	Ⅱ挡	制动模式
3	1100	Ⅲ挡	地头转向
4	1011	Ⅳ挡	巡航模式
5	1010	Ⅴ挡	犁耕模式
6	1001	备用 1	旋耕模式
7	1000	N 挡	耙地模式
8	0111	D 挡	播种模式
9	0110	R 挡	收获模式
10	1111	备用 2	备用 3

4.1.3.2 输出信号

拖拉机 AMT 系统采用液压执行机构控制离合器接合分离和变速器挡位切换，换挡时需要控制 10 个高速开关电磁阀动作，离合器执行机构、换挡执行机构和油门执行机构相互配合完成一次换挡过程。高速开关电磁阀也称为脉冲开关电磁阀，是当前车辆控制技术中常用的一种数字式电液控制转换元件，只有开（1）和关（0）两种工作状态，通过控制器输出的 PWM 信号进行控制，不需要数模转换接口就能够使其产生的开关数字信号转换成液压油脉冲流量信号，液压油脉冲流量的大小可以控制离合器的接合速度和换挡时间。

控制器 DSP 输出 2 路 PWM 波形来调节 2 个两位两通电磁阀的导通占空比，实现对离合器接合速度的控制；通过 6 路 PWM 波形调节 6 个两位三通电磁阀的导通占空比，控制换挡液压缸活塞的移动速度，从而控制换挡速度；通过 2 路 PWM 波形控制变速器在高速和低速两个速度区进行切换。

4.1.3.3 人机交互

拖拉机 AMT 同时具备手动和自动换挡功能。人机交互系统能够对拖拉机的工作状态实时监视，为驾驶员提供当前挡位和工作模式等信息，为驾驶操作提供参考。采用 QC12864B 液晶显示模块完成人机交互信息处理，其为蓝屏白字，可显示中文、英文字符和图形（横向可显示 8 个字符，纵向可显示 4 个字符，共可显示 32 个字符），可采用串行和并行两种方法与控制器连接。人机交互模块显示如图 4-5 所示信息，拖拉机当前工作于旋耕模式，变速箱处于低速区 1 挡，且当前不在最佳换挡时刻。

图 4-5 拖拉机人机交互模块显示信息

4.2 拖拉机 AMT 电控系统软件模块化设计

自动控制模型是采用代码自动生成技术进行拖拉机 AMT 电控系统软件开发的基础，是实现系统软件代码自动生成的关键步骤。在拖拉机 AMT 电控系统软件模块化设计的基础上，建立系统代码自动生成模型并自动生成代码，完成拖拉机 AMT 电控系统软件的功能设计。

4.2.1 拖拉机 AMT 软件开发方法介绍

传统车辆 AMT 电控系统开发过程如图 4－6 所示，该开发过程中人员安排及任务划分容易，工作流程简单，适合早期简单的车辆 AMT 电控系统开发。这种开发模式是一种串行工作方式，具有以下特点：

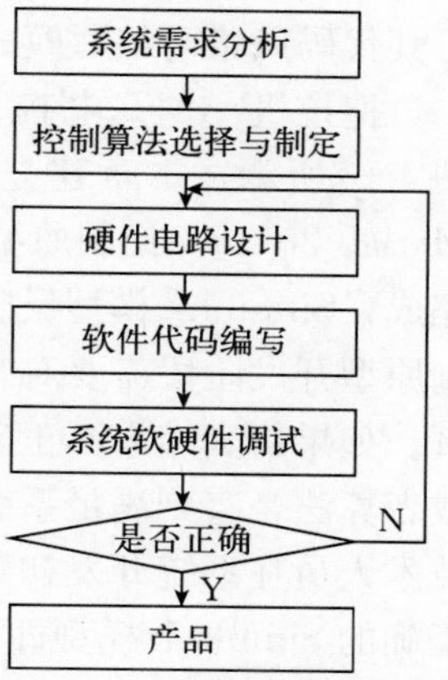

（1）对系统开发人员要求高，开发人员需要熟悉系统软件、硬件的设计与制作。

（2）硬件电路设计提前于软件开发或者与其同时进行，软硬件匹配性能不佳。

（3）软件开发采用手工编程实现系统控制策略，无法避免代码易出错、对算法实现性差等问题。

（4）开发过程中任一环节出现问题都会妨碍其他环节进行。在电控系统设计方案需要修改时，软件修改工作量大、费力费时。

（5）由于时间限制，在软件程序编写过程中，技术员往往只注重速度，而忽略其在完成后的维护性能和实用性能。在编写大型程序时参与开发的人员较多，每个人的程序风格不同，系统在整体测试时出现问题多。

系统需求分析 → 控制算法选择与制定 → 硬件电路设计 → 软件代码编写 → 系统软硬件调试 → 是否正确（N：返回硬件电路设计；Y）→ 产品

图 4－6 早期的车辆 AMT 控制器开发流程

目前车辆 AMT 控制器开发基本上都使用代码自动生成技术，整个开发过程基于统一的平台，每一阶段都可以验证是否符合系统最初的设计需求与目的。软件开发利用 Matlab/Simulink 等软件辅助进行，在系统开发初期建立的控制算法模型是软件代码生成的基础。代码自动生成技术帮助软件开发人员完成系统底层重复性代码的编写工作，减少技术人员工作量，降低代码错误率，从而提高软件系统的可靠性。随着代码自动生成技术的发展，其代码执行效率越来越接近于技术员手工编写的代码。

车辆电控系统软件设计在整个电控系统设计工作中占据较大的比重。只有软件质量得到保证，系统的性能要求才能够得到满足。拖拉机 AMT 电控系统软件采用基于模型的思想进行设计与开发，开发过程中软硬件开发工作同时开展，硬件开发的进展不会影响系统软件的开发过程。同样，软件的开发进展也不会对硬件的开发过程产生影响，软、硬件设计开发工作独立进行。这样，软件开发人员对硬件信息的熟悉程度要求较低，硬件开发人员也不需要对软件做太多了解。

与传统车辆电控系统软件设计相比，基于模型采用代码自动生成技术进行软件开发具有以下优点：

（1）软件代码的质量只取决于生成代码的模型、模板与文件，所有代码书写风格前后统一，不会因代码风格前后不一为软件质量带来隐患。

（2）具有良好的同步机制，对控制系统模型和软件平台配置参数的修改能够自动映射到软件代码中，增加了软件代码的变更能力。在需要添加或者变更系统功能时，只需要更改系统模型并再次运行代码自动生成工具即可。

(3) 能够大幅度提高系统软件开发的效率，使技术人员可以将更多的精力与时间花费到系统功能设计与实现上。

(4) 自动生成的代码漏洞修复能力较强，只需要修复系统模板漏洞然后再次运行代码自动生成工具就可以对所有生成文件进行漏洞修复。

(5) 为软件开发人员提供了学习参考。软件开发人员可以从生成的高健壮性的代码中学习其代码风格与编写模式，提高代码编写能力。

拖拉机 AMT 电控系统软件的设计流程如图 4-7所示，本章建立的所有模型均基于软件 Matlab 2011a。控制原型开发阶段在 Simulink 中完成，Simulink 模型反映系统的控制算法，在控制原型开发阶段需要对 Simulink 系统模型进行仿真。如果仿真结果不正确，则需要修改系统模型或者算法，直到满足系统要求。仿真测试可以使技术人员在系统开发初期发现问题和错误，仿真正确的 Simulink 模型即可作为一个动态可执行规范，后期工作都基于这个规范进行。算法实现阶段的工作环境为 Embedded Coder 和 CCS，在 Simulink 功能模型基础上建立代码模型并自动生成代码，自动生成的代码可直接或经优化后移植到目标硬件，这一阶段是实现控制算法从模型到代码的关键步骤。基于模型开发软件代码的最后一个阶段为代码验证阶段，验证过程中如果发现问题，可直接对 Simulink 控制模型进行修改和补充，以保证控制模型和可执行代码的同步。

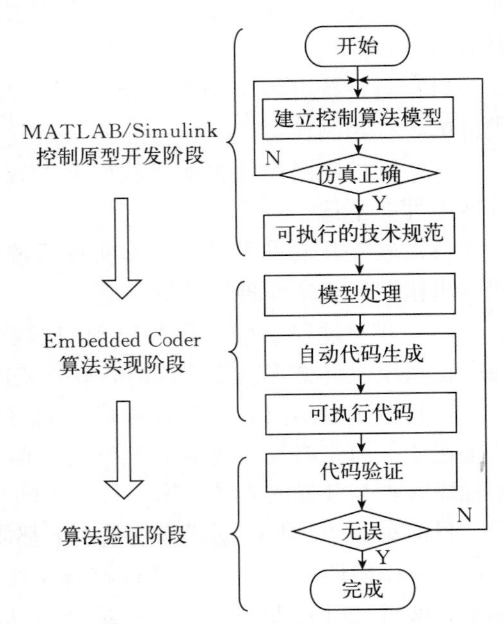

图 4-7　拖拉机 AMT 电控系统软件设计流程

4.2.2 拖拉机 AMT 系统软件模块设计

4.2.2.1 脉冲量采集模块

拖拉机 AMT 电控系统中存在多个转速（输入轴转速、驱动轮转速等）信号，转速传感器采集的脉冲信号需要通过 DSP 的 CAP 单元捕获并经过真值计算获得。TMS320F28335 有 6 个捕获模块（CAP），每一个捕获模块都对应一个捕获引脚，捕获引脚捕获转速传感器发送的脉冲信号电平变化，定时器记录相应时间，从而能够计算转速。

通过脉冲信号计算转速一般有两种方法：M 法和 T 法。M 法通过测量单位时间内传感器发送的脉冲数确定被测物理量的速度值。该方法存在单位时间内首尾半个脉冲误差问题，在被测信号频率较低或者单位时间间隔较短的情况下，测量精度低、误差大，测量效果不佳。T 法通过测量传感器发送的相邻两个脉冲之间的时间间隔来计算被测物理量的速度值，每一次测量存在半个时间单位的误差，适用于测量低频率信号。系统中变速器输入轴转速和驱动轮转速信号的最高频率不高于 600 Hz，而 TMS320F28335 DSP 在内核电压 1.9 V 时最高工作频率可达150 MHz，相对于系统工作频率被测信号的频率较低，因此采用T法测量各转速信号。

驱动车轮转速使用CAP3模块进行测量，定时器Timer3为其提供时间基准，工作于连续增计数模式，系统检测转速信号的下降沿。CAP3捕获模块有一个专用的2级堆栈（栈顶为CAPFIFO3，栈底为CAP3FBOT），每一次转速测量需要进行两次捕获。第一次捕获到驱动轮转速下降沿信号时，Timer3计数寄存器T3CNT的值T3CNT1被存入栈顶寄存器CAPFIFO3中，第二次捕获的驱动轮转速下降沿信号如果在T3CNT1被读取之前，则新的捕获值T3CNT2被存入栈底寄存器CAP3FBOT。考虑到定时器Timer3的翻转，驱动轮转速的计算如图4-8所示，n为驱动轮的转速，T为捕获模块CAP3定时器Timer3的脉冲周期，N_c为驱动轮转速传感器齿轮的齿数，N为捕获模块CAP3捕获相邻两次下降沿定时器Timer3通过的脉冲个数。

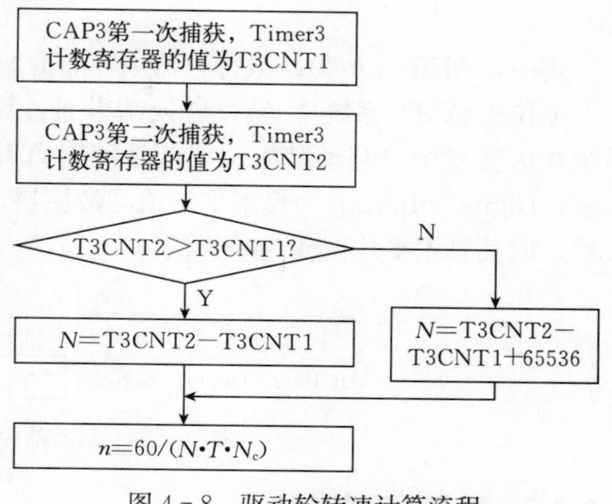

图4-8 驱动轮转速计算流程

拖拉机驱动轮转速信号采集模型如图4-9所示。为了防止外界干扰，提高转速测量的准确性，采用中位值滤波方法对脉冲信号进行软件滤波。图4-9中Digital filtering模块为驱动轮转速信号滤波模型，使用MATLAB Function模块对车轮转速信号连续采样6次并按照从小到大的顺序进行排序，去掉最大值和最小值，将剩余4个值的算术平均值作为采样值。

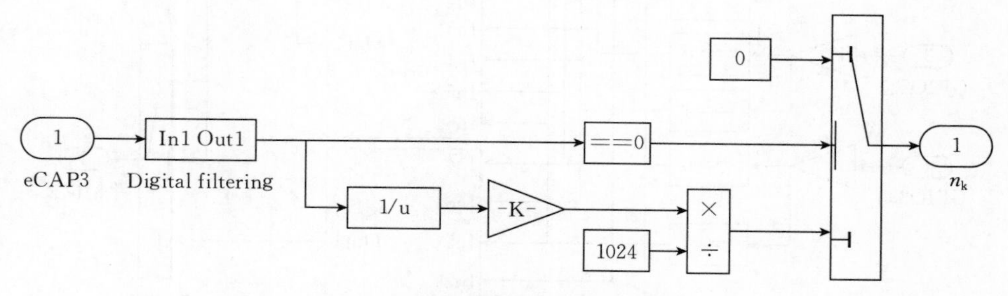

图4-9 驱动轮转速信号采集模型

4.2.2.2 模拟量采集模块

拖拉机AMT系统中的位移传感器将位移量（离合器液压缸活塞、制动踏板、换挡液压缸Ⅰ活塞、换挡液压缸Ⅱ活塞、换挡液压缸Ⅲ活塞和副变速液压缸活塞）转换为连续变化的电压信号，电压信号经过控制器的ADC模块后被转换为12位的数字量输入至28335 DSP。TMS320F28335的ADC模块含有2个8选1的多路切换器和2路采样保持器，可以构成2组（A组和B组）共16个模拟量信号输入通道，各通道转换结果存入16个16位结果寄存器 ADCResult0～15 中。拖拉机 AMT 系统的 ADC 模块采用左对齐低四位忽略的方法对 A/D 转换结果进行存储，以制动踏板位移测量为例，系统 ADC 模块转换结果计算如下：

$$x_b = \frac{ADResult}{4\,095} \times X_{max} \quad (4-1)$$

式中：$ADResult$ 为结果寄存器中存储的数字值；X_{max} 为制动踏板的最大行程（mm）。

拖拉机 AMT 系统中 A/D 转换结果通过算术平均值滤波法处理后作为最终结果存放至系统相应变量中。制动踏板位移信号使用 A 组输入通道进行采集，其采集模型如图 4-10 所示，Digital filtering 为算术平均值滤波模块，具体方法是对制动踏板位移信号连续采样 4 次后，取其算术平均值作为采样值。

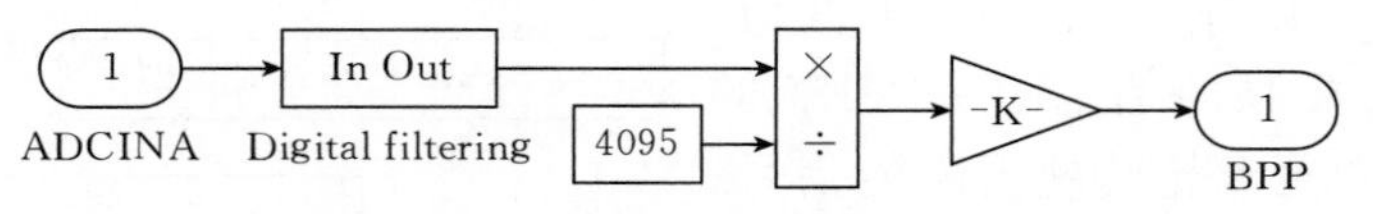

图 4-10 制动踏板位移信号采集模型

4.2.2.3 开关量采集模块

拖拉机 AMT 系统开关信号较多，为了方便系统功能升级和更新，采用 74HC147 芯片对 GPIO 通道进行扩展。换挡手柄位置开关信号的输入通道扩展模型如图 4-11 所示。

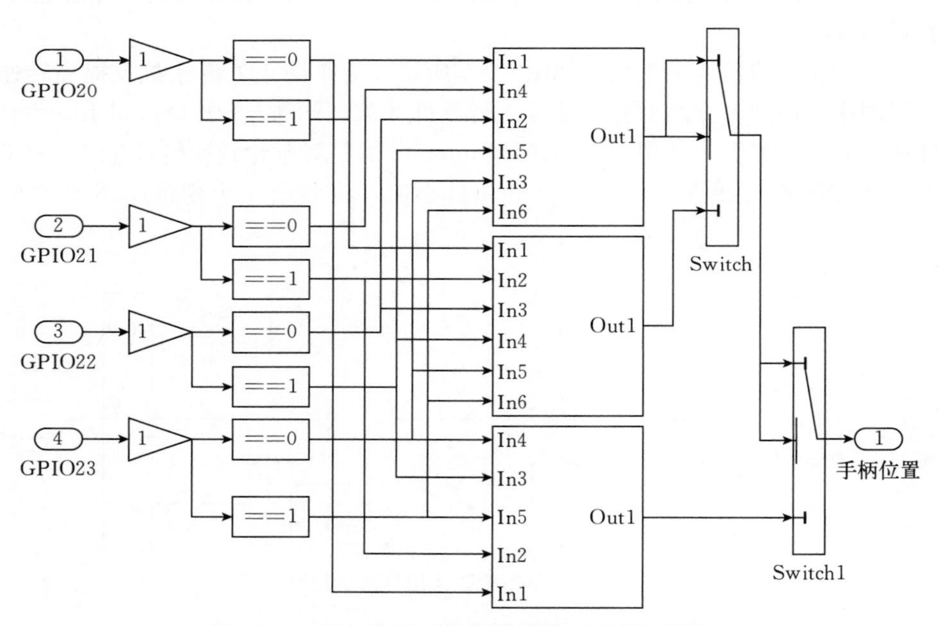

图 4-11 手柄位置开关信号的输入通道扩展模型

模式开关和换挡手柄位置产生的开关信号是 AMT 智能控制的关键条件和换挡决策依据，为了保证开关信号采样的准确性，对开关信号进行软件滤波处理，具体方法如图 4-12 所示。对采集的开关信号重复读取两次，如果两次读取结果相同，则认为所读数据正确；如果两次读取的数据不同，则将两次读取结果全部舍弃，重新开始读取。

4.2.2.4 作业决策管理模块

根据系统的控制任务，拖拉机AMT控制软件主要包含以下功能模块：起步控制模块、自动换挡控制模块、停车控制模块、倒车控制模块、犁耕控制模块、旋耕控制模块、耙地控制模块、播种控制模块、收获控制模块、巡航控制模块、地头转向控制模块和紧急制动控制模块。控制软件程序根据传感器采集的信息对拖拉机实际作业工况进行判断，通过系统作业决策层控制策略对拖拉机进行自动控制。自动换挡控制部分决策管理模型如图4-13所示，系统根据手柄位置和工作模式开关信号判断拖拉机的作业工况，拖拉机按照相应工况的控制流程进行工作。拖拉机同一时间内只能处于一种作业状态，拖拉机作业决策管理模型完成作业状态判断，自动管理拖拉机正确工作于相应的作业工况。

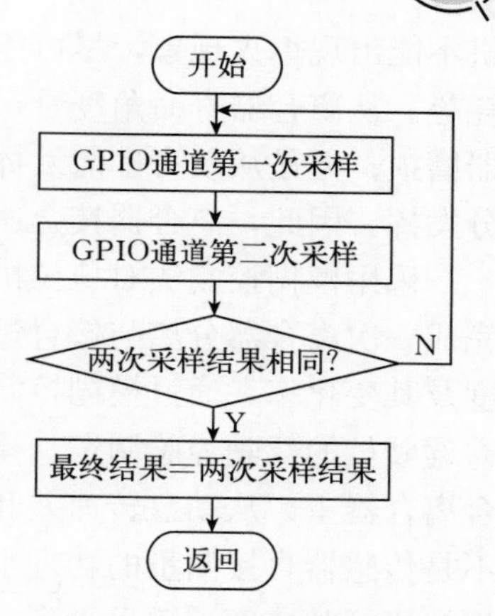

图4-12 开关信号的软件滤波流程

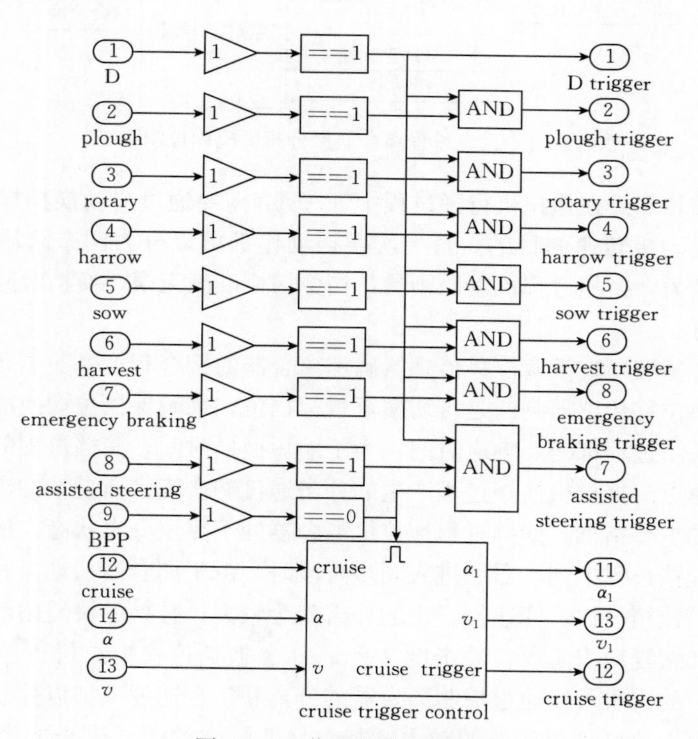

图4-13 作业决策管理模型

4.2.2.5 系统控制模块

拖拉机AMT系统控制的重点和难点是起步和自动换挡过程离合器、发动机和换挡系统的控制。起步和自动换挡过程系统控制的好坏直接影响拖拉机动力性和燃油经济性，也会对拖拉机行驶平稳性产生一定影响。

（1）起步控制。在起步过程中，拖拉机AMT控制的要求是：系统响应尽可能快，发动机不能出现熄火现象，尽可能发挥动力性能，离合器寿命需要得到保证，尽可能降低燃油消耗等。从离合器寿命角度看，离合器接合速度必须加以限制，防止扭矩传递过快而加速离合器磨损；但是从动力性能发挥角度看，接合速度需要达到一定值，否则发动机的扭矩不能充分发挥。因此，离合器接合速度的控制是起步过程 AMT 控制的关键。

采用模糊控制法对拖拉机起步过程离合器接合速度进行自动控制，通过 2 个模糊控制器完成一次离合器分离与接合过程。模糊控制系统如图 4－14 所示，模糊控制器Ⅰ根据油门开度及其变化率，通过模糊控制规则判断，输出驾驶员起步意图。其中，模糊控制规则依据优秀驾驶员的驾驶经验制定。模糊控制器Ⅱ根据模糊控制器Ⅰ输出的驾驶员起步意图信号，结合离合器主、从动盘转速差和驱动轮滑转率，输出起步过程离合器接合速度。驱动轮滑转率不是传感器直接测量的物理量，其依据车轮转速传感器测得的驱动轮转速与车速雷达测得的拖拉机行驶速度计算后得到。

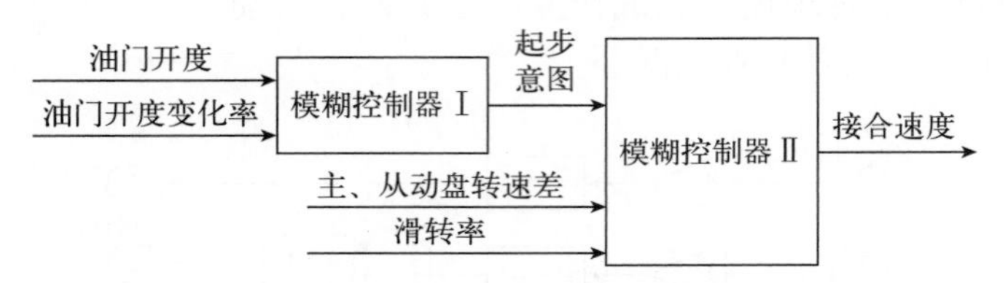

图 4－14　起步过程离合器接合速度模糊控制系统

（2）自动换挡控制。在拖拉机行驶过程中，AMT 需要通过自动换挡操作来达到匹配拖拉机行驶速度和发动机转速的目的。每一次换挡动作都可以分为四个阶段：中断动力、摘挡、挂挡和恢复动力。换挡过程控制原则是：挡位切换准确无误，换挡时间尽可能短，换挡过程系统平稳性好。

系统通过离合器液压缸活塞位移传感器确定离合器的接合程度和是否彻底分离，通过 3 个换挡液压缸活塞位移传感器判断是否切换至目标挡位，来确保挡位切换准确无误。由于高速电磁阀打开和关闭过程都需要响应时间，为了缩短换挡时间，摘挡过程的开始时刻设置在离合器分离的滑摩点。拖拉机换挡过程产生的冲击通过冲击度来衡量，冲击度是评价换挡过程中系统平稳性的主要指标。摘挡过程拖拉机离合器处于完全分离状态，摘挡动作对系统平稳性影响不大；挂挡过程中同步器刚进入同步阶段时，由于离合器从动盘和变速器输入轴存在转动惯量，如果挂挡过快，变速器产生的冲击就会较大，挂挡的快慢由液压油脉冲量大小决定；中断动力和恢复动力阶段，冲击度 $J=\mathrm{d}a/\mathrm{d}t$（换挡过程拖拉机行驶的纵向加速度单位时间的变化率）的大小可以通过控制离合器的分离和接合速度来加以控制。

为了充分发挥拖拉机机组作业的动力性能，又兼顾燃油消耗带来的经济负担和环境压力，分别制定经济性换挡规律和动力性换挡规律。考虑到拖拉机作业环境的复杂性和土壤环境的多变性，引入驱动轮滑转率 δ 作为换挡控制参数之一，结合车辆两参数换挡规律制定拖拉机三参数换挡规律，在 Simulink 中通过换挡规律数学模型转换为换挡规律表。拖拉机自动换挡过程中 TCU 首先判断换挡模式，然后读取拖拉机行驶速度 v、油门开度 α 和驱动轮滑转率 δ，查询三参数换挡规律表，将当前拖拉机行驶的 3 个状态参数与换挡规律表比对，确定目标挡位。如果需要换挡，则使离合器和换挡机构动作完成换挡操作；如果不需要换挡，则维持原来挡位行驶。由于拖拉机主要用于为农机具提供动力，大多数时间是在田间带负载工作，动力换挡设置为默认换挡模式，该模式下系统参照三参数动力换挡规律表确定目标挡位，控制目标是充分发挥拖拉机的动力性能。只有当拖拉机在路面状况良好的公路上空载或者轻载行驶时，才选用经济模式三参数换挡规律表，以减少拖拉机的燃油消耗。

拖拉机自动换挡过程中，AMT 控制系统需要完成的基本操作内容有：①根据拖拉机的作业工况，控制 10 个高速电磁阀完成离合器和换挡机构动作，正确调整系统油压，实现拖拉机的自动换挡动作；②发送目标油门开度到发动机 ECU，ECU 自动调整拖拉机换挡过程的油门开度。

4.2.3 拖拉机 AMT 系统软件功能模型建立

Matlab 在机电、汽车、航空、自动控制、音视频处理、通信等众多嵌入式领域的代码自动生成技术已日趋成熟，提供可视化交互式开发环境，能够完成控制系统建模、仿真和调试工作。Simulink 是嵌入式系统建模和仿真的工具，也是代码自动生成的基础。其模块库提供 1 000 多个预定义模块，可以通过层次化建模、子系统定制、数据管理等方法对复杂控制系统进行模型描述。Matlab 2011a 提供了代码自动生成工具 Embedded Coder，将以前版本中 Embedded IDE Link 和 Target Support Package 工具箱的功能进行了整合，集成了 Real-time Workshop 技术，为快速原型、硬件在环、系统实时测试与产品级实时嵌入式系统的实现提供了完整的代码自动生成支持，为指向嵌入式系统软件集成开发环境提供了内置链接，通过该工具箱可以提高嵌入式系统软件开发的速度和效率。

拖拉机 AMT 系统模型创建结构如图 4-15 所示，使用 Simulink 模块库能够完成拖拉机 AMT 自动控制模型的搭建，实现 AMT 系统的自动控制功能，使用 Embedded Coder 模块库可以完成目标 DSP 硬件外设的初始化和接口配置，两者结合使用建立的代码自动生成模型 .mdl 可以自动生成系统软件代码。

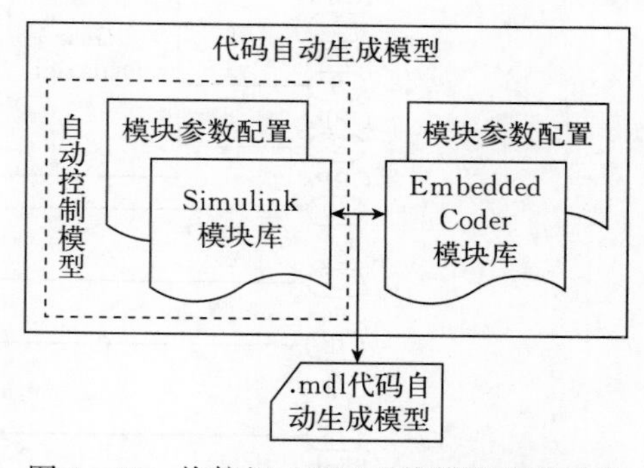

图 4-15 拖拉机 AMT 系统模型创建结构

4.2.3.1 拖拉机 AMT 自动控制模型

基于模型的拖拉机 AMT 电控系统软件结构如图 4-16 所示。软件开发的第一个步骤是在 Simulink 环境下通过图形化的模块语言实现拖拉机 AMT 系统控制算法处理，即建立自动控制模型。

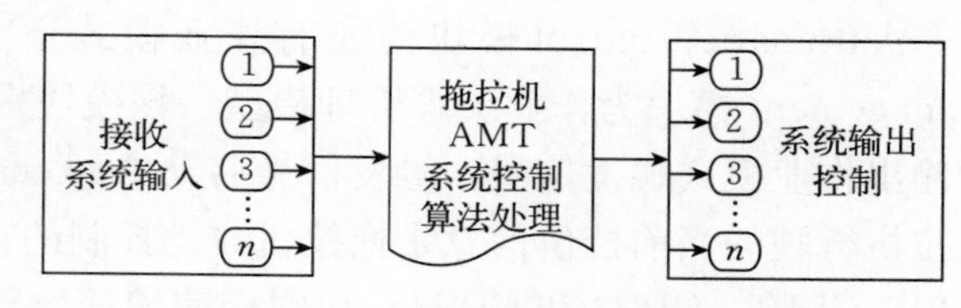

图 4-16 AMT 电控系统软件结构

接收系统输入部分是 DSP 接收的系统输入信号和反馈信号，主要包括 ADC 采样信号、GPIO 数字输入信号、CAP 脉冲量输入信号、CAN 网络接收的消息等。拖拉机

AMT 系统控制算法处理是根据自动换挡控制算法、离合器接合模糊控制，结合系统接收的外部信号，经过预先设计的运算流程，将计算结果作为系统控制的依据。系统输出控制是将拖拉机 AMT 系统控制算法处理阶段计算的结果送到 DSP 的 PWM 模块，同时通过 CAN 模块向发动机 ECU 发送油门开度控制信息。

拖拉机 AMT 自动控制模型如图 4-17 所示，系统的输入量有手柄位置（HP）、制动踏板位置（BPP）、行驶模式（Mode）、油门开度 α 等，反馈信号有离合器液压缸活塞位置（CCPP）、3 个换挡液压缸活塞位置（CPP1、CPP2 和 CPP3）、发动机冷却水温度（CWT）、副变速液压缸活塞位置（RSPP）、拖拉机行驶速度 v、驱动轮转速 n_k、发动机转速 n_e、输入轴转速 n_{e_in}等，输出为 10 个高速电磁阀（M_{v1}～M_{v10}）控制信号和目标油门开度（target α）。

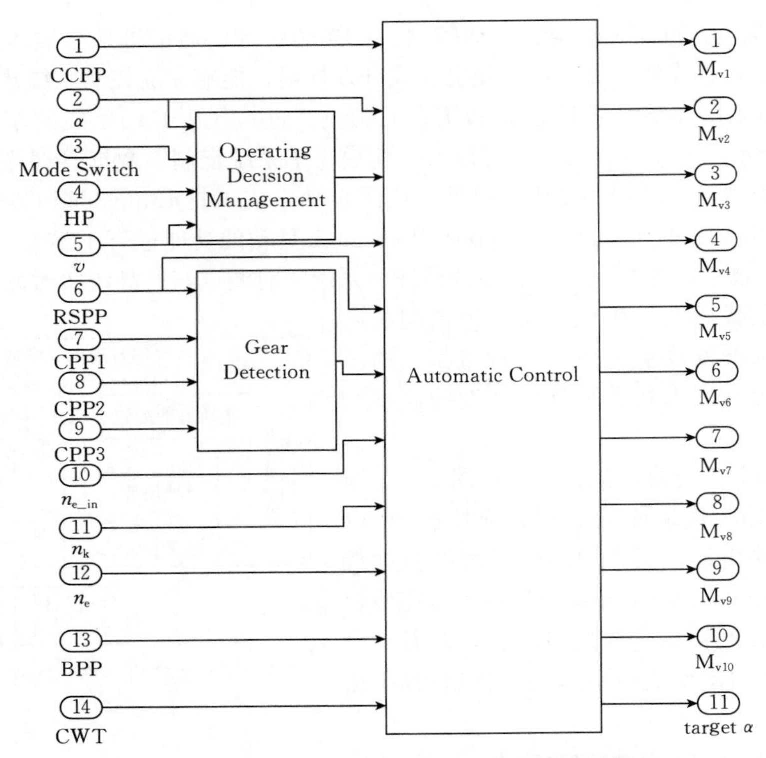

图 4-17 Simulink 中的拖拉机 AMT 自动控制模型

Automatic Control 模块为所有作业模式下 AMT 自动控制模型，Operating Decision Management 模块为作业决策管理模型。该模块根据模式开关和换挡手柄位置信息进行判断后输出作业模式触发信号，触发信号启动 Automatic Control 模块中相应自动控制模型运行。拖拉机行驶的当前挡位信息是拖拉机自动控制的重要参数之一，根据 3 个换挡液压缸活塞的位置（CPP1、CPP2 和 CPP3）和副变速液压缸活塞位置（RSPP）可以判断拖拉机行驶过程中的当前挡位。Gear Detection 模块为当前挡位判断模块，其模型如图 4-18 所示，输出信号 Gear 为拖拉机行驶的当前挡位。

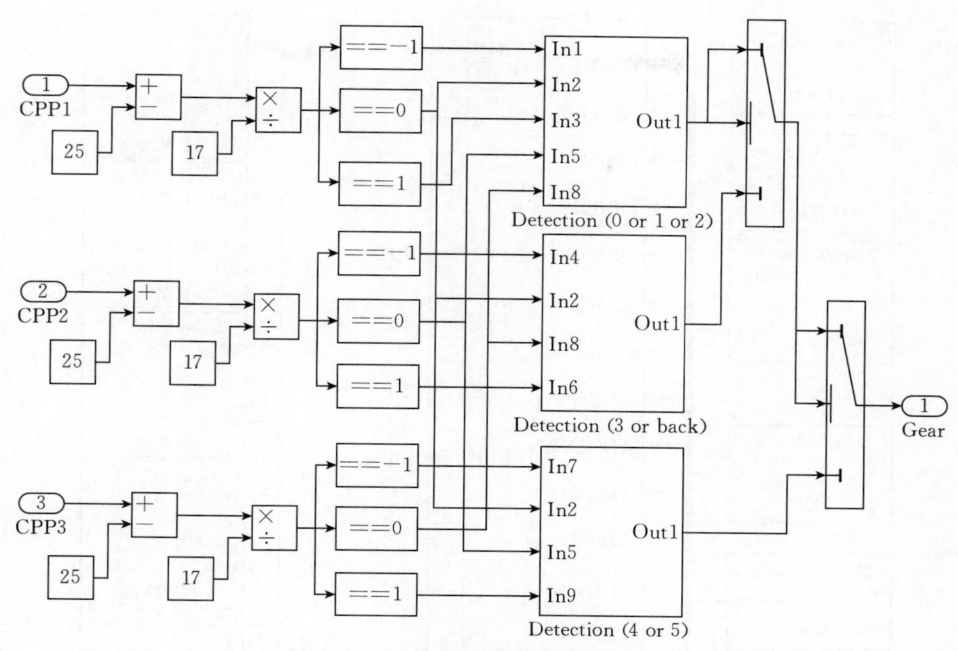

图 4-18 拖拉机当前挡位判断模型

4.2.3.2 拖拉机 AMT 代码自动生成模型

对拖拉机 AMT 自动控制模型进行仿真测试并对模型进行预调试后，可以将该模型作为拖拉机 AMT 电控系统软件应用层的控制算法，结合 DSP 硬件抽象层的硬件外设驱动模块，即可集成拖拉机 AMT 代码自动生成模型（图 4-19），该模型能够生成拖拉机 TCU 的实时控制软件。

如图 4-19 所示，系统的硬件抽象层和应用层模块之间有清晰的分界线，拖拉机 AMT 代码自动生成模型的输出量为数字信号，拖拉机 AMT 自动控制模型为本章 4.2.2 部分中建立的控制算法模型，其输入参数为拖拉机行驶过程中的实际模拟量，Signal Conversion 模块完成硬件驱动模型与自动控制模型之间的参数转换，传感器所采集信号的数字滤波模型和 GPIO 输入通道扩展模型均包含于 Signal Conversion 模块。AMT Controller 模块实时监控所有的输入信号和反馈信号，根据控制策略触发相应的动作，升挡和降挡动作均由此模块控制。

硬件驱动模型的 Target Preferences 模块提供不同的 DSP 硬件平台。本文使用 TMS320F28335，系统时钟频率设置为 150 MHz，其参数配置如图 4-20 所示。

为了防止 DSP 受外界电磁场干扰而导致程序跑飞使系统陷入死循环，使用看门狗模块（Watchdog），其参数配置如图 4-21 所示。看门狗时钟的复位间隔设置为 0.02 s，通过 Watchdog counter reset source 选项中的 Specify via dialog 将 Sample time 项的采样时间值设置为计数器的复位值。

CAP3 通道采集拖拉机驱动轮转速信号，参数配置如图 4-22 所示，采样时间为 0.02 s，捕获条件为下降沿触发。

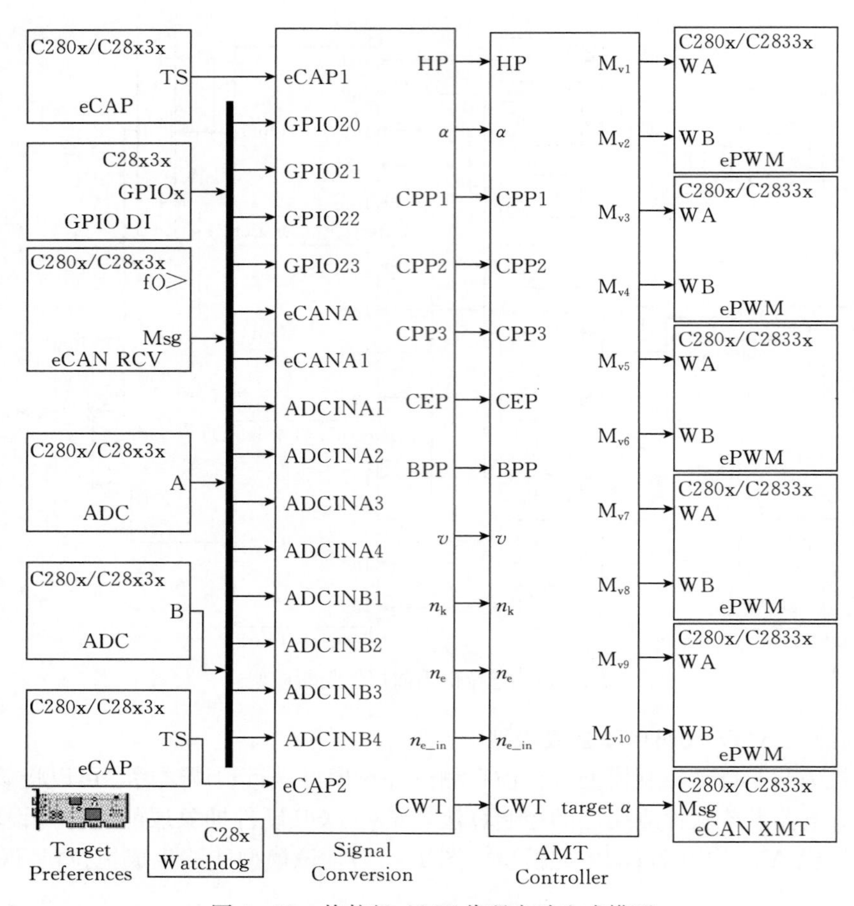

图 4-19　拖拉机 AMT 代码自动生成模型

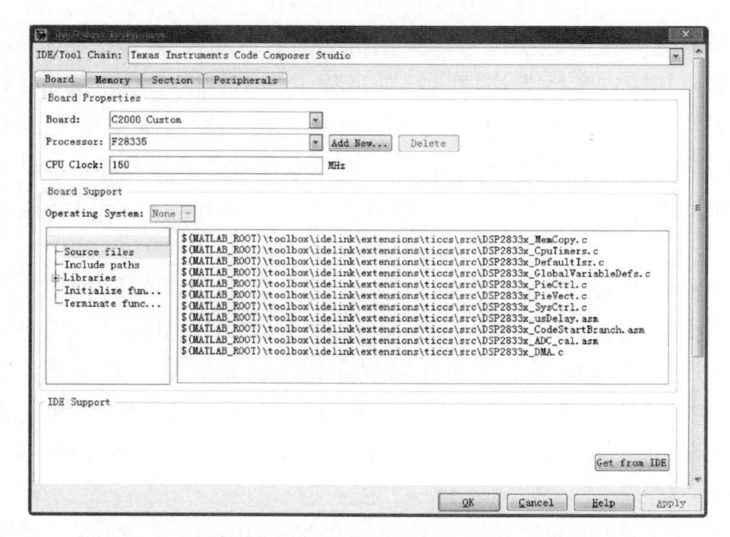

图 4-20　硬件驱动模型的 Target Preferences 模块配置

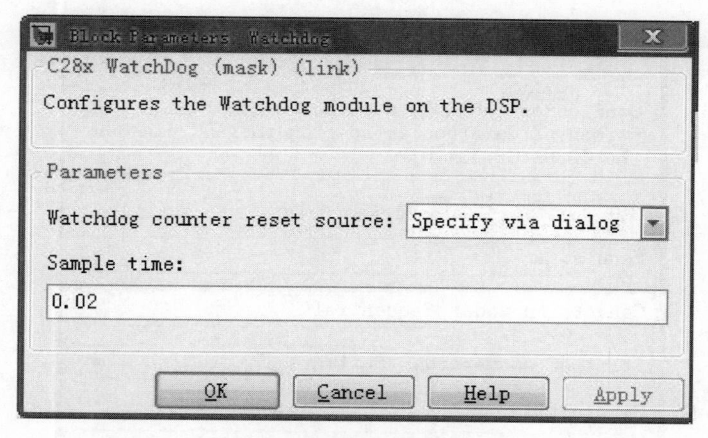

图 4－21　硬件驱动模型的 Watchdog 模块配置

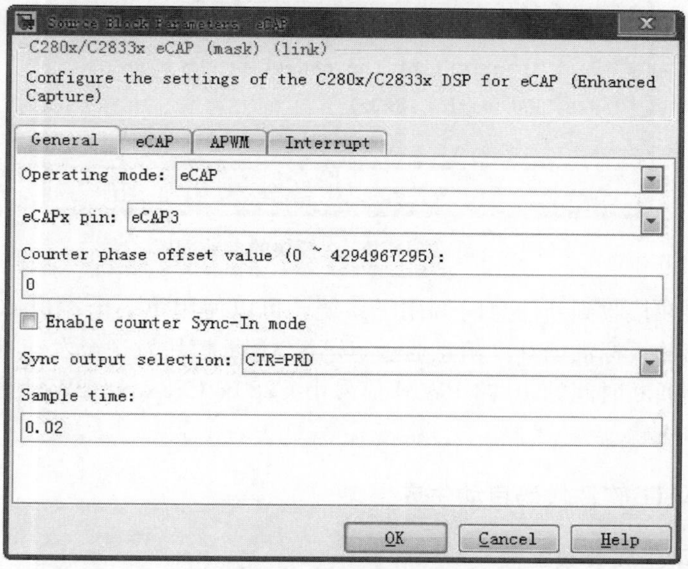

图 4－22　CAP3 模块的参数配置

C280x/C28x3x ADC 模块用于配置 TMS320F28335 的模数转换器，使用 ADCINA2 通道对制动踏板位置信号进行数据输入，ADCINA2 模块参数配置如图 4－23 所示。TMS320F28335 的 ADC 模块含有两个 8 状态的序列发生器 SEQ1 和 SEQ2，分别为 A 组通道和 B 组通道安排转换顺序，SEQ1 和 SEQ2 独立工作时系统处于双序列发生器模式，SEQ1 和 SEQ2 级联成一个 16 状态的序列发生器，工作时系统处于单序列发生器模式，也称为级联模式。拖拉机 AMT 系统 ADC 模块工作于级联模式下的顺序采样，系统按照序列发生器安排的通道顺序依次对输入信号进行采样。选择 Module：A 可以在转换器 A 中使用通道 ADCINA2，系统工作于连续采样（Sequential）模式可以对制动踏板位置信号连续采样，并使转换结果保持更新状态。

使用 GPIO DI 模块指定 I/O 引脚为输入引脚，向系统输入开关信号。eCAN RCV 接收模块具有串行通信能力，通过 CAN 邮箱接收发动机 ECU 发送的发动机转速和油门开度信

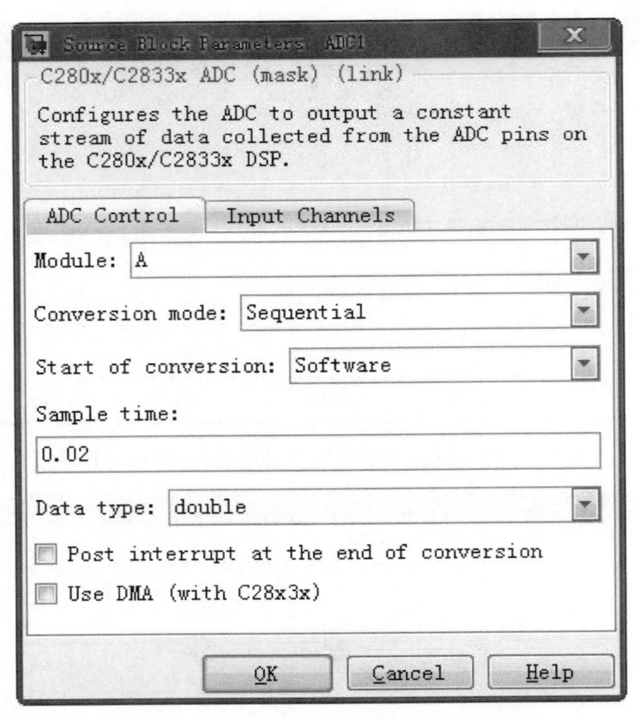

图 4-23　ADCINA2 模块的参数配置

息，系统如果需要在接收到新信息时调用子系统，可以使用第一个端口 f()。拖拉机 AMT 自动控制模型输出的目标油门开度信息通过 eCAN XMT 模块发送至发动机 ECU，输出的用于控制高速电磁阀通断时间的 10 路 PWM 信号由 C280x/C28x3x ePWM 模块产生，占空比通过 WA/WB 端口输入。

4.2.4　拖拉机 AMT 软件代码自动生成

4.2.4.1　代码自动生成参数配置

基于 Simulink/Embedded Coder 工具箱自动生成代码，在 Simulink 模型窗口选择 Simulation 下拉菜单中的 Configuration Parameters 选项，进行代码自动生成过程参数设置。在 Hardware Implementation 中选择硬件平台，在 Code Generation 中选择系统目标文件格式，DSP 对应的目标文件格式为 idelink _ ert. tlc 或者 idelink _ grt. tlc 文件，仿真、优化和自诊断参数根据系统需求进行设置。单击 Build 将 Simulink 模型自动生成 CCS 可执行文件，并自动调入到 CCS 中。拖拉机 AMT 模型自动生成代码过程中，Matlab 窗口的返回信息如下：

```
### Writing source file AMT.c
### Writing header file AMT_private.h
### Writing header file AMT.h
### Writing header file AMT_types.h
### Writing header file rtwtypes.h
### Writing header file rt_nonfinite.h
```

```
### Writing source file rt_nonfinite.c
### Writing header file rtGetInf.h
### Writing source file rtGetInf.c
### Writing header file rtGetNaN.h
### Writing source file rtGetNaN.c
### Writing source file AMT_data.c
### Writing source file AMT_main.c
### TLC code generation complete.
.................. ### Creating project marker file:rtw_proj.tmw
### Creating project:F:\Program Files\MATLAB\AMTdsp\AMT_ticcs\AMT.pjt
### Project creation done.
```

4.2.4.2 自动生成的工程文件分析

自动生成的代码以 AMT.pjt 工程文件形式按照工程项目自动存放在相应的 Simulink 模块文件夹中，CCS 软件集成开发环境中的工程文件及其内容如图 4-24 所示。使用代码自动生成工具共生成 4 种系统文件，分别为头文件（.h）、源文件（.c）、库文件（.lib）和 CMD 文件（.cmd），CCS 软件集成开发环境在文件生成过程中自动打开。

头文件对 TMS320F28335 寄存器的数据结构和 AMT 工程的全局变量进行了定义，在系统源文件需要相关定义时，在源文件中加入 #include "AMT.h" 结构语句，CCS 会在 AMT 工程编译时自动将相关头文件添加进工程。自动生成的工程文件中，除了常规头文件外还存在 rtwtypes.h 等文件，这些文件是结合 RTW 工具产生的头文件，是代码自动生成工程文件的一个特点。

源文件中保存了整个 AMT 系统软件的核心代码，能够完成系统所要实现的全部功能。拖拉机 AMT 系统算法模型生成的软件代码存储在 AMT.c、AMT _ data.c 和 AMT _ main.c 这 3 个源文件中，这些文件的程序内容依照控制内容的变化而变化。表 4-5 列出了初始化函数所在的文件名称，其中全局变量定义、中断初始化和系统控制寄存器初始化等文件内部的程序相对比较固定，外设模块初始化文件根

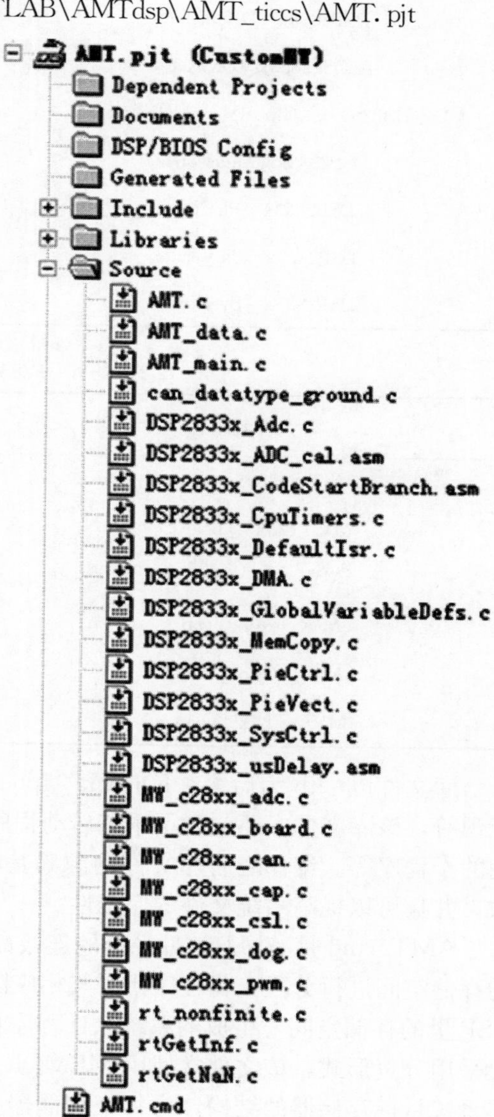

图 4-24　自动生成的拖拉机 AMT 系统工程文件

据每个系统所用外设模块的不同而有所差别。Embedded Coder 工具箱中各硬件外设模块的配置转换成 C 语言代码后保存在表 4-6 所列的文件中。源文件内部 C 代码中的变量名称和 Simulink 模块一一对应，代码参数关系明确，系统自动生成的代码可读性好、便于维护、可用性高。

表 4-5 拖拉机 AMT 系统初始化文件

文件名称	作用
DSP2833x _ Adc. c	初始化 F28335 的 ADC
DSP2833x _ CpuTimers. c	初始化 CPU 定时器
DSP2833x _ DefaultIsr. c	F28335 的外设中断函数
DSP2833x _ DMA. c	初始化 F28335 的 DMA
DSP2833x _ GlobalVariableDefs. c	定义 F28335 的数据段与全局变量
DSP2833x _ MemCopy. c	定义 MemCopy 函数
DSP2833x _ PieCtrl. c	初始化 PIE 控制模块
DSP2833x _ PieVect. c	初始化 PIE 中断向量
DSP2833x _ SysCtrl. c	初始化系统控制模块

表 4-6 F28335 外设应用程序文件

文件名称	作用
MV _ c28xx _ adc. c	ADC 模块应用程序
MV _ c28xx _ board. c	F28335 目标板设置程序
MV _ c28xx _ can. c	CAN 模块应用程序
MV _ c28xx _ cap. c	CAP 模块应用程序
MV _ c28xx _ dog. c	看门狗模块应用程序
MV _ c28xx _ pwm. c	PWM 模块应用程序

库文件以 . lib 为后缀，IQmath _ fpu32. lib 文件中定义了 F28335 寄存器地址和相应的标识符，该库文件中还包含了系统启动程序、C/C++运行支持库函数和汇编编程时需要调用的子程序等。编译之后库文件的源码是看不到的，可以防止技术人员不小心错误修改函数，并且可以提高系统文件的保密性。

AMT. cmd 是 AMT 软件系统的连接命令文件，混合使用汇编语言与 C 语言对 F28335 的存储空间进行分段，将程序代码与相应区段地址进行绑定，用于说明变量、数据和代码在 DSP 里的存储空间，生成的系统软件程序自动下载到 RAM 内完成调试工作。CMD 文件一般采用分页形式，该文件常使用 MEMORY 和 SECTIONS 两个伪指令。MEMORY 指令描述系统目标存储器的结构，为每个存储器指定起始地址和地址长度；SECTIONS 指令说明系统如何工作，描述段的定位方法，指明段的构成和地址分配。

4.3 拖拉机 AMT 控制器实时操作系统

4.3.1 DSP/BIOS 软件设计

嵌入实时操作系统的软件由应用程序和实时操作系统两部分组成。目前，嵌入式实时操作系统的种类繁多，常用的有 Linux、μC/OS-Ⅱ、VxWorks 等。这些操作系统对于基于 DSP 的拖拉机 AMT 控制器来说显得过于复杂，本文采用 DSP/BIOS 嵌入式实时操作系统设计 AMT 电控系统软件。

CCS（code composer studio）是目前使用广泛的 DSP 集成开发软件之一。为了更加有效地构建 DSP 系统，CCS 提供了可以裁剪的实时内核 DSP/BIOS，使用户不需要再单独开发和定制 DSP 操作系统。DSP/BIOS 将中断、定时器、I/O、CPU 时间等资源按照模块进行封装，提供给用户的是标准的 API 函数，用户可在此基础上编写各种应用软件，它能够按照用户制定的任务优先级合理地为各个任务分配 CPU 资源。

DSP/BIOS 带有系统配置工具和实时分析工具，可完成线程调度与同步、实时监测、中断管理、主机与目标 DSP 间通信、存储管理和输入/输出管理工作。DSP/BIOS 调度应用程序控制 DSP 系统硬件资源，应用程序通过调用 DSP/BIOS 操作系统的应用软件接口 API 函数来实现硬件操作，这种工作方式有效解决了多个处理算法实时实现、存储资源合理有效分配等问题。DSP/BIOS 提供的 API 函数被模块化，它标准化了 TI 大部分 DSP 器件的编程，并且大多数 API 函数用汇编语言编写，这样其执行指令周期可以控制在尽可能短的时间内。标准的 API 函数，可以使我们的代码更易于移植到其他程序中。在使用时，只有用到的 API 函数才被绑定到可执行程序中，最小化了 DSP 上的存储器需求，CPU 开销也达到了最小。

DSP/BIOS 分析工具可以对应用程序进行实时监测，并进行错误检测。这项工作在后台空闲循环中完成，不会影响应用程序。在 CPU 忙时，DSP/BIOS 分析工具会暂停当前与控制器的通信工作，监测数据在主机端被格式化处理。

4.3.2 拖拉机 AMT 任务线程设计

DSP/BIOS 支持 4 种优先级不同的线程，不同的线程类型具有不同的抢占和执行特性，如图 4-25 所示，按照优先级顺序排列如下：

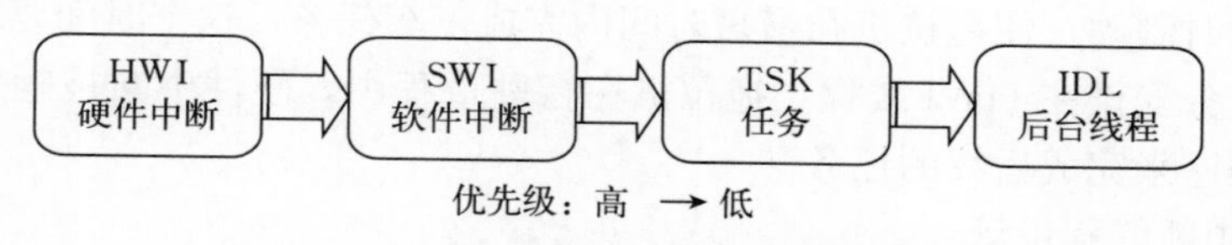

图 4-25 DSP/BIOS 的 4 种线程及其优先级

（1）HWI：硬件中断。具有最高的优先级，用于完成有严格时间限制的重要任务。可以处理发生频率在 200 kHz 左右的事件，处理时间能够控制在 2～100 μs。

（2）SWI：软件中断。对事件的处理时间控制在 100 μs 以上，HWI 能够将不太重要的事件放在 SWI 中执行，这样就可以使中断服务子程序占用的 CPU 时间减少。

(3) TSK：任务线程。任务线程的优先级低于软件中断。如果在其执行过程中所需资源被占用，任务线程可以阻塞至系统资源可用。

(4) IDL：后台线程。优先级最低。在系统中没有高优先级线程抢占时，后台线程在main() 函数返回后连续循环运行没有 deadlines（执行期限）的函数。

在进行拖拉机 AMT 系统 DSP/BIOS 程序设计时，需要将系统中模块化的功能设计为DSP/BIOS 的线程。根据拖拉机 AMT 电控系统软件所要实现的系统功能及 DSP 硬件的结构，如图 4－26 所示，AMT 系统软件可划分为系统初始化、信号数据采集、拖拉机作业工况判断、系统自动控制和系统网络通信等部分。

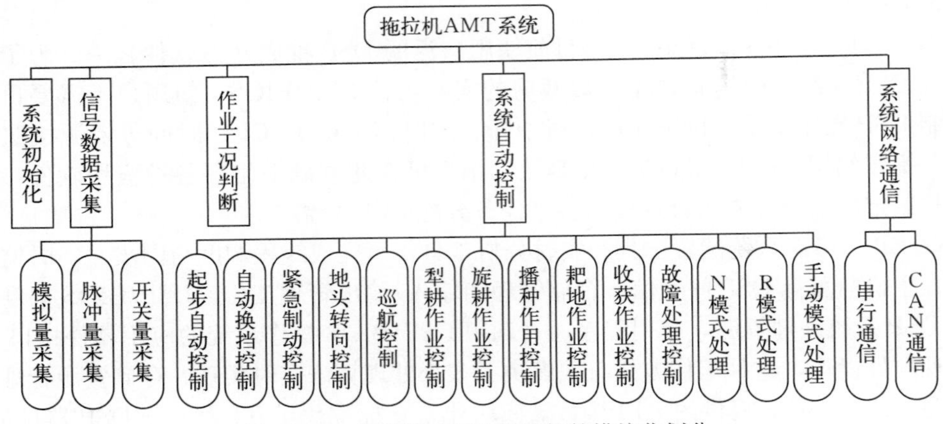

图 4－26　拖拉机 AMT 系统软件模块化划分

4.3.2.1　硬件中断线程设计

硬件中断是外部事物影响软件应用程序运行的一种方式，中断由 DSP 芯片的外设器件或外部设备触发。完成一个硬件中断处理需要两部分程序：一部分用于设置相应的中断寄存器，这部分一般在主程序 main() 中完成；另一部分为中断服务子程序，用于响应硬件中断，每一个硬件中断可以通过 DSP/BIOS 静态配置工具箱中的硬件中断管理器配置相应的中断服务子程序。使用 DSP/BIOS 开发软件应用程序时，中断向量表的位置由系统存储管理模块自动设定，一般不需要更改。

拖拉机出现故障如果不及时采取措施，就会威胁到人和车的安全。故障处理任务是系统中时间响应要求最严格的任务，将其放在 HWI 中。拖拉机应对某些突发事件时需要采取离合器和制动器同时制动，使拖拉机在最短时间内完成停车任务，这个时间要求非常苛刻，所以将紧急制动任务安排在 HWI 线程。拖拉机在行驶过程中，硬件中断被触发后，系统会执行中断服务子程序来完成后续的任务。

4.3.2.2　软件中断线程设计

软件中断的优先级介于硬件中断与任务线程之间，软件中断一旦被触发，如果此时有硬件中断正在处理，它将处于阻塞状态，直至所有硬件中断处理完成后才能被运行。软件中断可以在任意时刻被高优先级软件中断或者硬件中断抢占，同时它也能够抢占任务线程、后台线程或者低优先级软件中断。由于每一个软件中断有一个邮箱（32 位），每一个邮箱都能够作为软件中断函数中一个可修改值，所以软件中断的触发方法有两种：一种是通过调用系统

API 函数（如 SWI _ post()）；另一种是通过其他软件中断 API 函数配置该软件中断邮箱的值来触发相应的软件中断，DSP/BIOS 提供 SWI _ andn、SWI _ or、SWI _ dec、SWI _ inc 等 API 函数来修改软件中断邮箱的值。

起步自动控制任务、自动换挡控制任务是 AMT 在拖拉机作业过程中需要完成的主要任务。这些任务的响应时间没有故障处理任务和紧急制动任务的响应时间要求严格，可以将它们放在 SWI 中。拖拉机常在田间作业，一般工作于低挡位并且换挡比较频繁，自动换挡控制任务执行的频率高于起步自动控制任务，所以设置自动换挡控制任务的优先级高于起步自动控制任务。这两个 SWI 使用同一个堆栈，存储器的使用效率最高。系统在运行过程中一旦事件触发，28335 的外设就发出中断申请信号，CPU 就会暂停正在运行的程序，同时将 ST0、T、AH、AL、PC 寄存器的值保存到堆栈中，转而执行中断服务子程序，中断服务子程序执行完成后，DSP/BIOS 内核就让进入就绪态优先级最高的任务线程开始运行。拖拉机 AMT 系统软件中断线程及其优先级安排如表 4－7 所示，为了便于以后 AMT 电控系统软件更新与升级，将每个优先级都设置为偶数。

表 4－7　拖拉机 AMT 系统中 SWI 及其优先级设计

任务名称	线程类型	线程优先级	任务名称	线程类型	线程优先级
犁耕作业	SWI	2	自动换挡	SWI	4
旋耕作业	SWI	2	起步控制	SWI	6
耙地作业	SWI	2	N 模式	SWI	8
播种作业	SWI	2	R 模式	SWI	10
收获作业	SWI	2	手动换挡	SWI	12

PRD 是周期函数，属于 SWI 线程，它的触发周期是其他事件发生周期或者片上时钟周期的倍数。网络通信任务包含 CAN 通信任务和串行通信任务，串行通信任务由 LCD 显示任务和上位机通信任务两部分组成。信号数据采集任务、拖拉机作业工况判断、CAN 通信任务和 LCD 显示任务通过 PRD 周期函数完成，设置这些任务 20 ms 运行一次监测拖拉机的运行状态，对拖拉机作业工况进行判断后响应相应线程运行，使拖拉机 AMT 系统完成自动控制任务，同时 LCD 显示任务将拖拉机的动态运行信息在显示屏上显示。

4.3.2.3　任务线程设计

任务线程具有 15 个优先级，在需要的资源未准备好时自动进入等待状态，每个任务线程都有单独的堆栈，任务线程间可以进行通信与同步，包含信号灯、邮箱和队列等通信或同步机制。数据存储任务设置在系统任务线程中，其作用是将拖拉机 AMT 系统运行的核心参数保存于 ROM 中。

4.3.2.4　后台循环线程设计

后台线程的优先级最低，CPU 在空闲时运行该线程。CCS 提供 CPU 负载图、信息记录、对象/内核观察、统计观察等实时分析工具，这些功能全部可以放置于后台线程。在这些实时分析工具的帮助下，整个系统的动态运行情况可以一目了然。上位机通信任务放置于后台线程，具有最低优先级，在系统无其他高优先级线程处理时，该任务以闲置循环形式在后台持续运行。

4.3.3 拖拉机 AMT 控制器 DSP/BIOS 移植过程

4.3.3.1 DSP/BIOS 移植配置

使用 DSP/BIOS 的应用程序都需要创建以 . cdb 为后缀的配置文件，DSP/BIOS 提供静态配置和动态配置两种配置方法来完成系统配置工作。在创建初始配置时，一般采用静态配置的方法，使用图形化编辑器可以定义目标应用的全局属性和内存定位参数，设置堆栈段大小，定义片内、片外数据空间和程序空间。在运行和优化过程中，可以通过调用 xxx _ creat ()、xxx _ delete()（xxx 为模块名）动态地创建和删除对象，对初始配置进行修改。拖拉机 AMT 系统软件静态配置过程如图 4－27 所示。

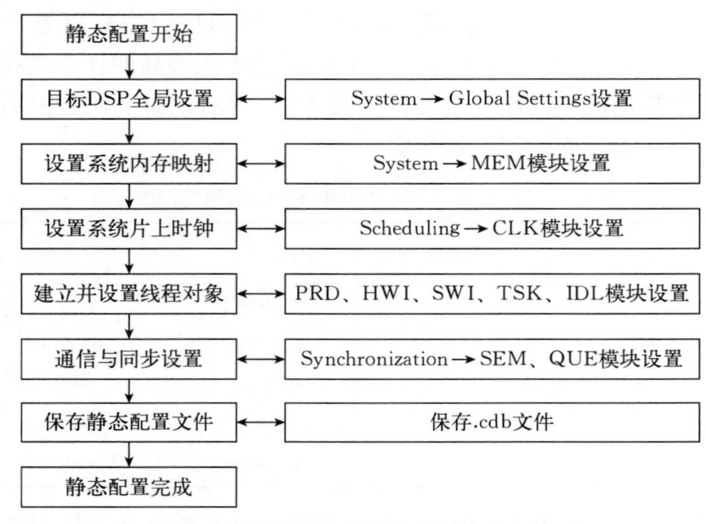

图 4－27　拖拉机 AMT 系统软件静态配置过程

自动换挡控制任务线程静态配置过程如图 4－28 所示，其处理函数为“ _ automatic _ gear _ shifting”，软件中断优先级为 4。

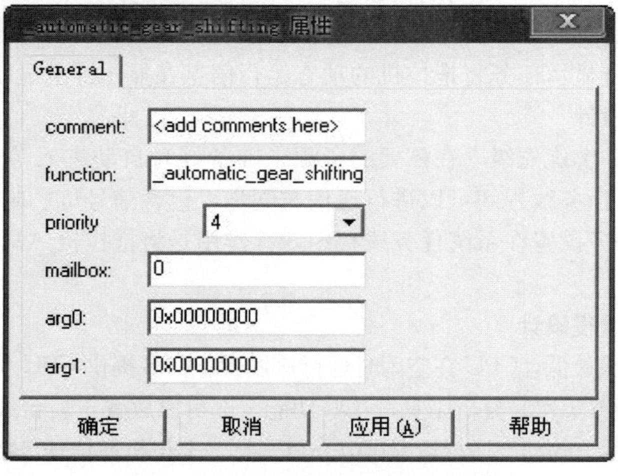

_automatic_gear_shifting 属性

General

comment: <add comments here>

function: _automatic_gear_shifting

priority 4

mailbox: 0

arg0: 0x00000000

arg1: 0x00000000

确定　取消　应用 (A)　帮助

图 4－28　自动换挡控制任务线程静态配置

4.3.3.2 移植文件分析

嵌入实时操作系统DSP/BIOS的拖拉机AMT软件系统文件结构如图4-29所示，系统软件包括应用软件层和移植配置层。拖拉机AMT系统应用软件层的代码采用代码自动生成技术完成，移植配置层包含两种类型文件：用户编写的代码文件（图4-29中移植配置层中的白色背景文件）和系统自动添加的代码文件（图4-29中移植配置层中的灰色背景文件）。

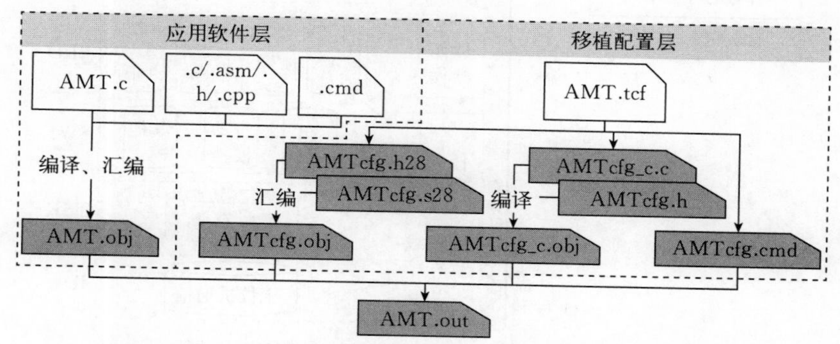

图4-29 基于DSP/BIOS的拖拉机AMT软件系统文件结构

移植配置层中的AMT.tcf为配置DSP/BIOS的源文件，要想成功移植DSP/BIOS，必须将该配置源文件添加至AMT工程项目中。AMTcfg.s28文件是28335 DSP设置DSP/BIOS的汇编源文件，AMTcfg.h28是AMTcfg.s28的头文件，使用汇编语言完成，这两个文件在AMT.tcf文件添加进AMT工程时被自动添加到系统。AMTcfg_c.c文件定义了AMT系统配置的所有DSP/BIOS对象，AMTcfg.h文件中包含DSP/BIOS所有模块对象的头文件，同时对各模块中创建的对象进行了外部声明。

4.3.4 拖拉机AMT系统应用程序

根据拖拉机AMT电控系统各个任务的实时性要求，可以将系统应用程序按照图4-30分为5种类型：系统初始化程序、硬件中断程序、软件中断程序、任务线程程序和后台线程程序。

系统在上电后即运行系统初始化程序，对DSP硬件外设进行初始化，同时建立系统所需的各项任务。初始化程序只在系统上电后运行一次，其余4种类型应用程序在初始化程序运行完成后基于各自的优先级由实时操作系统DSP/BIOS进行调度。在系统传感器出现故障时，硬件中断程序中的故障处理子程序会被调度，相应标志位被检测并触发3个功能函数：①将当前拖拉机作业模式设定为手动换挡模式，记忆当前挡位信息并使拖拉机保持在当前挡位行驶；②禁止软件中断程序运行，使LCD显示屏不断闪烁“系统故障”字样；③标志系统相应错误代码，触发数据存储任务，将错误代码存入系统，同时点亮故障指示灯。下面对系统的主要应用程序进行分析。

4.3.4.1 主函数

系统主函数main()在DSP/BIOS程序启动时执行，拖拉机AMT电控系统main()函数代码如下：

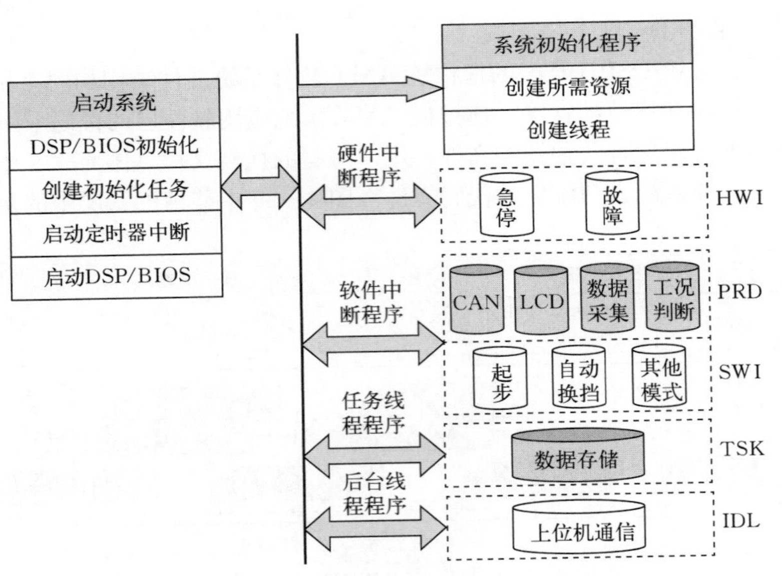

图 4-30　拖拉机 AMT 软件系统应用程序结构

```
void main(void)
{  InitSysCtrl();   /* 初始化 28335 系统控制寄存器 */
   InitPieCtrl();   /* 初始化并使能 PIE */
   InitPieVectTable();   /* 初始化 PIE 中断向量表 */
   InitWatchdog();   /* 初始化看门狗时钟 */
   InitGpio();   /* 初始化系统使用的 GPIO 引脚 */
   InitXintf();   /* 初始化外部存储器接口 */
   memcpy(&RamfuncsRunStart,
          &RamfuncsLoadStart,
          &RamfuncsLoadEnd - &RamfuncsLoadStart);
   InitFlash();   /* 初始化 Flash */
   InitAdc();   /* 初始化 ADC */
   InitEpwm();   /* 初始化 PWM */
   InitEcap();   /* 初始化 CAP */
   InitEcan();   /* 初始化 CAN */
   InitSci();   /* 初始化 SCI */
   SetDBGIER(IER | 0x6000);/* 使能 IER 寄存器、TINT2 和 DLOGINT */
   *(volatile unsigned int *)0x00000C14 |= 0x0C00;
                              /* 设置 TIMER2 FREE=SOFT=1 */
                              /* DSP/BIOS 使能全部中断 */
}/* main()结束 */
```

系统上电后应用程序从 _c_int100 入口处首先对 DSP 进行系统初始化，包括在 DSP/BIOS 配置时对寄存器和 PLL 锁相环倍频时钟的设置。之后调用 BIOS_init 初始化应用程序中使用到的 DSP/BIOS 模块，在拖拉机 AMT 系统中 BIOS _ init 包含以下宏定义：HWI _ init、SWI _ init、TSK _ init（用于设置中断选择寄存器和中断服务表指针寄存器）和 IDL _ init（对空转指令进行计数，空转指令数在测定 CPU 负荷时使用）。然后，在系统调用 main() 函数后，运行 BIOS _ start 来启动 DSP/BIOS。随后，系统进入 DSP/BIOS 实时调度阶段，按照应用程序线程优先级实时检测，依次执行硬件中断、软件中断和任务线程服务子程序。当这些线程全都不执行时，系统进入 IDL _ F _ loop 空闲循环，执行后台线程。DSP/BIOS 程序启动过程中，BIOS _ init 和 BIOS _ start 的代码都储存在 AMTcfg. s28 中，是由配置文件 AMT. tcf 自动生成的，只有主函数 main() 的代码需要用户根据系统需要自己编写。

4.3.4.2 换挡液压缸活塞位置测量任务

换挡液压缸活塞位置测量流程如图 4－31 所示，任务首次运行时需要对 ADC 模块及其寄存器和局部变量进行初始化。拖拉机 AMT 系统中将 ADC 模块控制寄存器 1 的 CONT-RUN 位置 0，序列发生器在启动/停止模式工作，根据 PRD 线程中设置的 ADC 的采样周期定时启动 ADC 转换信号 SOC，该序列发生器模式下 1 s 内启动的 ADC 转换次数即是其采样频率，每一序列数据转换处理完毕后，程序设置中断标志并将采样数据存入系统缓存，之后程序对采样数据进行中值平均滤波，计算实际换挡液压缸活塞位置，并将该实际值送入其对应的变量。在一次采样结束后，调用系统函数释放 CPU 控制权，等待下一个启动转换信号 SOC，进行下一次信号采集。拖拉机行驶的当前挡位通过 3 个换挡液压缸活塞位置确定，其代码如下：

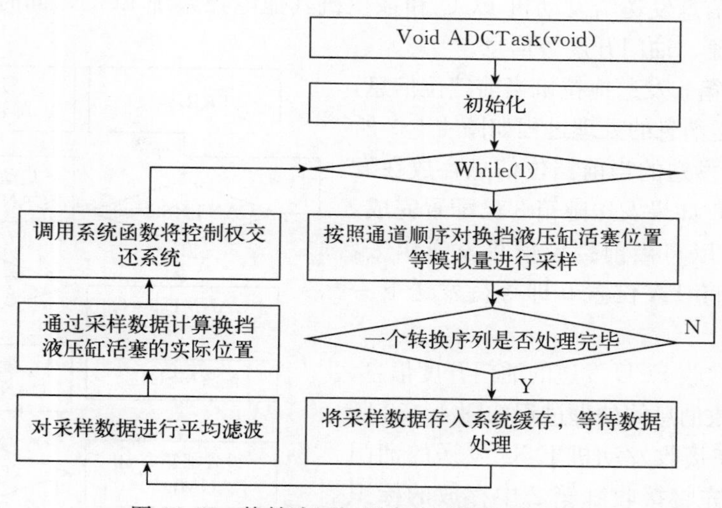

图 4－31 换挡液压缸活塞位置测量任务流程

```
rtb_Switch1_f =((((gear_judgment_U. ADCINA2+
                gear_judgment_DWork. Memory1_PreviousInput)+
                gear_judgment_DWork. Memory2_PreviousInput)+
                gear_judgment_DWork. Memory3_PreviousInput)/
                gear_judgment_P. Constant_Value_g /
                gear_judgment_P. Constant2_Value *
```

```
                    gear_judgment_P.Gain2_Gain
                    - gear_judgment_P.Constant_Value_a)/
                    gear_judgment_P.Constant1_Value;
```

/* 使用 ADCINA2 通道对换挡液压缸Ⅰ活塞位置采样，对 4 次采样结果进行平均值滤波并计算其实际位置 */

```
    ......
    if((rtb_Switch1_f == gear_judgment_P.Constant_Value_nf)&&
            rtb_LogicalOperator){
          rtb_Switch1_n = gear_judgment_P.Constant_Value_n;
    } else {
          rtb_Switch1_n = ldexp((real_T)(rtb_LogicalOperator &&
              (rtb_Switch1_f ==gear_judgment_P.Constant_Value_n5)?
                          gear_judgment_P.Gain_Gain:0U),- 14);
    }              /* 判断目前挡位是否为空挡、1 挡或者 2 挡 */
    ......
    gear_judgment_Y.Gear = rtb_Switch1_f;  /* 判断结束，输出当前挡位 Gear */
```

4.3.4.3 CAN 通信任务

拖拉机在行驶过程中，AMT TCU 需要通过 CAN 总线将变速器当前挡位、目标挡位、目标油门开度等信息发送给发动机 ECU 和拖拉机其他电控系统 ECU，同时接收其他 ECU 发送的发动机转速、油门开度等信息。

TCU 使用邮箱 3 发送拖拉机当前挡位信息，其邮箱配置与发送消息的处理过程如图 4-32 所示。CPU 将等待发送的当前挡位信息存放在发送邮箱的数据区，如果发送邮箱 3 已配置完成，TRS 位置 1 就可以将当前挡位信息发送出去，信息发送成功后将 TA 位置 0 即等待发送下一个当前挡位信息。

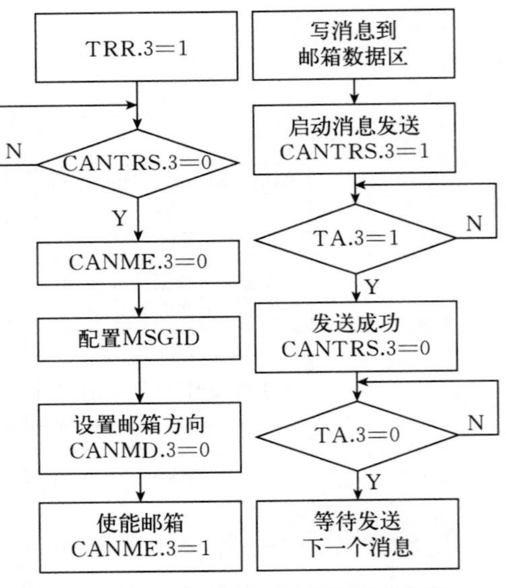

图 4-32 邮箱配置与消息发送流程

使用邮箱 2 接收 ECU 发送的油门开度信息，其邮箱配置与接收消息的处理过程如图 4-33 所示。CAN 模块在接收发动机 ECU 发送的油门开度信息时，首先将接收邮箱 2 中存放的标识符与输入的油门开度消息的标识符做比较，如果两者相等，并且邮箱 2 的接收消息挂起位（RMP）已经被置 1，则 CPU 可以开始从邮箱 2 的 RAM 中读取油门开度数据。读取数据之前需要先清除 RMP 位（将 RMP 位置 1），并核对邮箱 2 消息丢弃标志位判断数据是否丢失。在数据读取之后，需要验证 RMP 位是否被再次置 1。如果被置 1 说明油门开度数据读取失败，需要重新读取；如果未被置 1 说明数据读取成功，可以等待读取下一个数据。

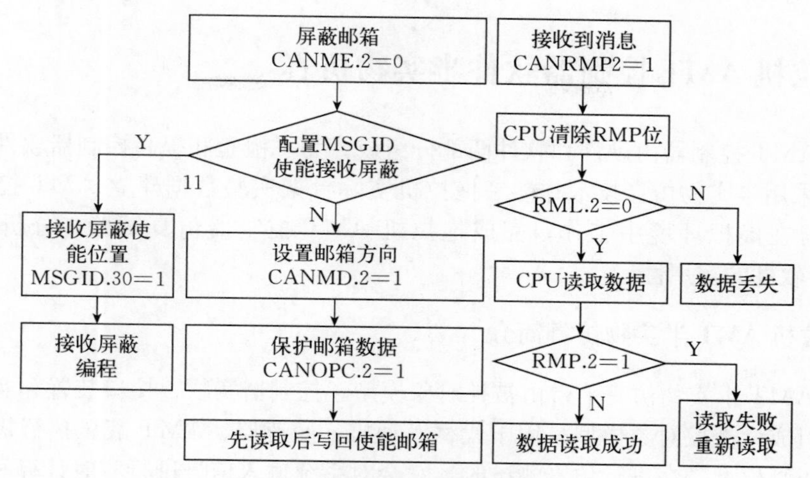

图 4-33 邮箱配置与消息接收流程

4.3.4.4 巡航控制任务

当拖拉机行驶在巡航模式时，巡航控制任务被调度。系统接收到巡航模式开关跳变信号后，记录当前拖拉机的行驶速度、油门开度作为记忆车速、记忆油门开度，拖拉机巡航模式下拖拉机应保持记忆车速行驶。如果行驶速度小于记忆车速，TCU 发送增大油门开度信息给发动机 ECU，从而控制油门执行机构动作；如果行驶速度大于记忆车速，TCU 则通过 CAN 模块使 ECU 发出指令，减小油门开度，系统接收到制动信号即可解除巡航模式行驶状态。巡航控制任务完成后，需调用系统函数释放 CPU 控制权，保证系统进入下一个调度循环。巡航控制任务代码如下：

```
void cruise_control_step(void)
{if((cruise_control_U. BPP == cruise_control_P. Constant_Value)> 0)
  /* 判断是否有制动信号 */
  {if(rt_ZCFcn(RISING_ZERO_CROSSING,
    &cruise control_PrevZCSigState. remember_Trig_ZCE,
    (cruise control_U. cruise))! = NO_ZCEVENT)
  /* 判断巡航模式开关信号是否为 1 */
  {cruise control_B. In1 = cruise control_U. v1;
  /* 将车速 cruise control_U. v1 记忆为 cruise control_B. In1 */
  cruise control_B. In2 = cruise control_U. throttle1;
  /* 将车速 cruise control_U. throttle1 记忆为 cruise control_B. In2 */}
  if(cruise control_B. In1 == cruise control_U. v){...}
  /* 如果行驶车速等于记忆车速,保持当前状态 */
  if(cruise control_B. In1 > cruise control_U. v){...}
  /* 如果行驶车速小于记忆车速,增加油门开度提高车速 */
  if(cruise control_B. In1 < cruise control_U. v){...}
 /* 如果行驶车速大于记忆车速,减小油门开度降低车速 */ }}
```

4.4 拖拉机 AMT 控制器软件半实物仿真

拖拉机 AMT 控制器由硬件和软件两部分组成。为了检验和提高控制器软件的性能，基于 dSPACE 采用半实物仿真技术并参考拖拉机实际台架实验数据建立 AMT 控制器仿真平台，使控制器在虚拟环境中工作，完成拖拉机 AMT 控制器仿真试验，分析验证拖拉机 AMT 控制器软件的实用性。

4.4.1 拖拉机 AMT 半实物仿真简介

拖拉机 AMT 半实物仿真平台由被控对象模型、控制器实物、接口装置和实时交互监控系统四部分组成。被控对象模型是用于代替发动机、变速器、AMT 液压执行机构等真实拖拉机部件的仿真模型，在进行仿真测试时，它会对系统输入信号进行实时计算和处理来模拟真实被控对象的实际运行状态。接口装置使用 dSPACE 的硬件系统 AutoBox，集成了处理器、I/O 等硬件系统，能够满足绝大部分工程应用要求。控制器实物由硬件和软件两部分组成，控制器硬件包括核心板和主板，软件包括嵌入式实时操作系统 DSP/BIOS 和拖拉机 AMT 控制系统应用程序，其中核心板含有最小系统和存储单元，主板包括输入信号处理电路和执行机构驱动控制电路。实时交互监控系统通过监控软件显示系统运行的实时数据。拖拉机 AMT 半实物仿真平台的组成如图 4-34 所示，启动该系统就可以对拖拉机 AMT 控制器软件进行仿真。基于 dSPACE 进行拖拉机 AMT 系统半实物仿真测试可以保证系统的实时性，用仿真系统替代实际实验系统，使实验次数不受实验条件限制，可以有效避免实验测试中被控对象多、体积大，实验平台搭建困难、搭建时间长等问题。

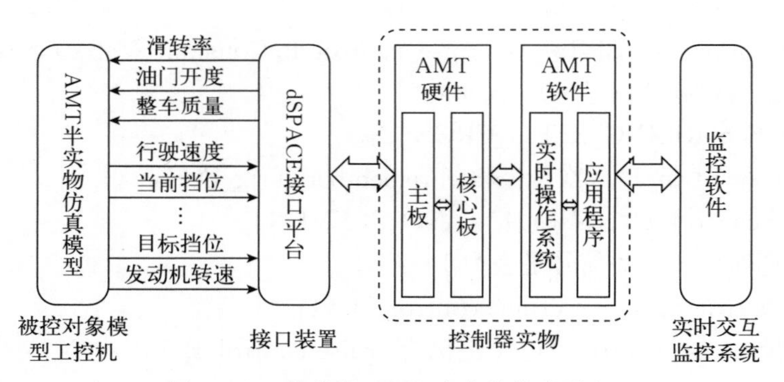

图 4-34 拖拉机 AMT 半实物仿真平台

4.4.2 拖拉机 AMT 半实物仿真模型建立

拖拉机 AMT 控制器软件半实物仿真平台整体结构如图 4-35 所示，仿真模型由发动机模型、变速器模型、拖拉机机组动力学模型和液压执行机构模型组成。鉴于拖拉机离合器在换挡过程中分离与接合占用的时间较短，构建系统半实物仿真模型时忽略离合器对换挡过程的影响。

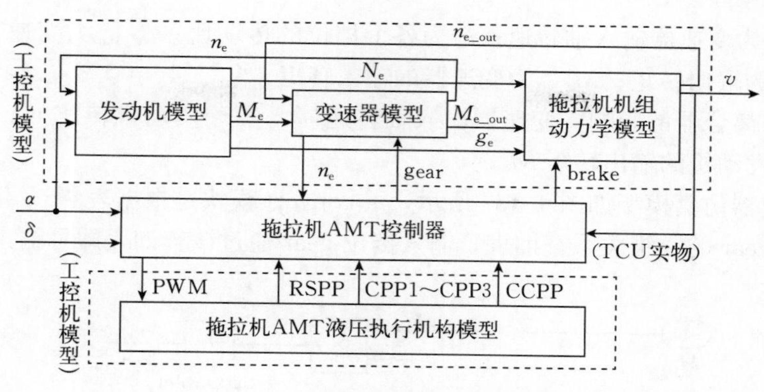

图4-35 半实物仿真平台整体结构

4.4.2.1 发动机模型

发动机模型可以根据发动机万有特性台架实验数据，采用多项式拟合法求解输出功率、输出转矩、燃油消耗率与转速、油门开度的关系式，然后使用Simulink语言将关系式转换为M函数文件，在仿真时输出量通过计算得到。这种方法一般在离线仿真中使用，仿真过程计算输出量的时间较长。本文的发动机模型基于拖拉机发动机万有特性台架实验数据，使用Simulink提供的Look-Up Table模块，对实验数据进行插值计算，得到发动机的输出功率N_e、输出转矩M_e和燃油消耗率g_e。该方法计算较快，可以满足半实物仿真的实时性要求。

拖拉机发动机仿真模型如图4-36所示，其输入为发动机转速n_e和油门开度α，输出为发动机的输出功率N_e、输出转矩M_e和燃油消耗率g_e，Interpolation M_e、Interpolation N_e和Interpolation g_e模块分别为M_e、N_e和g_e的插值计算模块。为了防止插值计算模块的输出值超出输出参数的实际取值范围，设计Saturation模块并根据实验数据设置各参数的极限值。

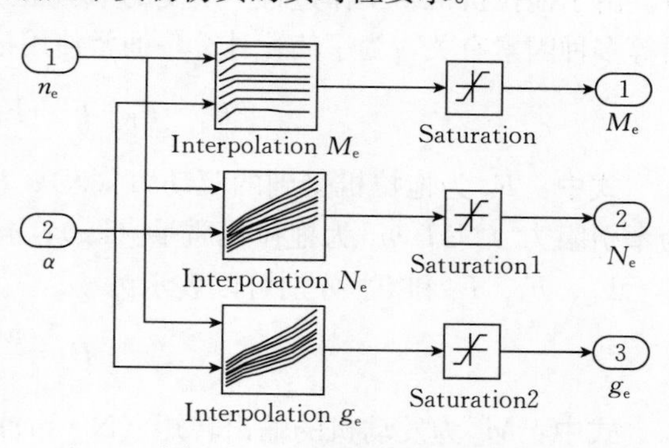

图4-36 发动机仿真模型

4.4.2.2 变速器模型

为了满足不同的作业要求，拖拉机通过变速器改变系统传动比，从而达到改变发动机转速和转矩的目的。在搭建模型过程中，可以将拖拉机变速器作为一个比例环节。拖拉机变速器各个挡位的传动比见表4-8，式（4-2）和式（4-3）为变速器系统的运动学方程。

表4-8 变速器各个挡位的传动比

高/低挡	1	2	3	4	5
低速区传动比	9.780	7.270	5.380	4.000	2.890
高速区传动比	2.440	1.820	1.350	1.000	0.720

$$n_{e\_in}=i_g\times n_{e\_out} \tag{4-2}$$

$$M_{e\_out}=i_g\times M_{e\_in} \tag{4-3}$$

式中：n_{e_in}为变速器输入轴转速；i_g 为各个挡位的传动比；n_{e_out}为变速器输出轴转速；M_{e_out}为变速器的输出转矩；M_{e_in}为变速器的输入转矩。

因系统忽略离合器的影响，变速器输入轴转速 n_{e_in}等于发动机转速 n_e，变速器的输入转矩 M_{e_in}等于发动机的输出转矩 M_e。

拖拉机变速器仿真模型如图 4-37 所示，ig convert 模块是根据表 4-8 建立的变速器传动比 i_g 和挡位 gear 的一维关系查询表，输入挡位 gear 通过该查询表即可输出当前挡位对应的变速器传动比。

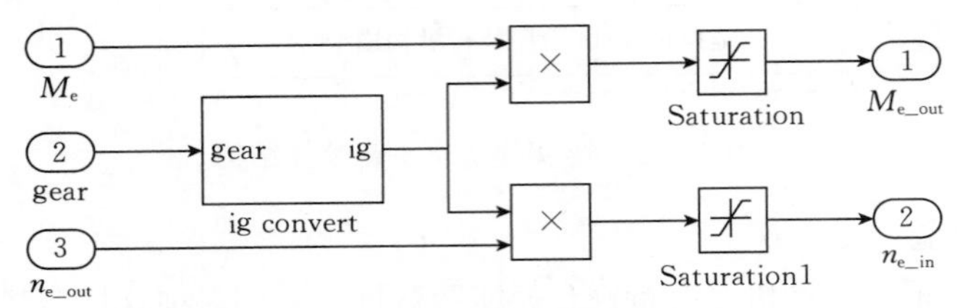

图 4-37　变速器仿真模型

4.4.2.3　拖拉机机组动力学模型

拖拉机机组工作时，系统能源由发动机提供，机组运动依靠拖拉机驱动轮所受到的土壤反力，为了保证拖拉机机组在犁地、耙地、收获等生产过程的作业效能，必须对其进行动力学分析。由于拖拉机机组工作过程中所受的牵引阻力和滚动阻力与具体的作业工况、土壤本身的性质等多种因素有关，为了简化计算，通常使用拖拉机机组的运动方程表示其动力学关系：

$$F_q=F_f+F_i+F_T+(m_1+m_2)\frac{dv}{dt} \tag{4-4}$$

式中：F_q 为拖拉机受到的驱动力（N）；F_f 为滚动阻力（N）；F_i 为上坡阻力（N）；F_T 为牵引阻力（N）；m_1 为拖拉机质量（kg）；m_2 为农机具质量（kg）。

F_q、F_f、F_i 和 F_T 分别可以表示为

$$F_q=\frac{M_e i_g i_0 \eta_n}{r_q} \tag{4-5}$$

式中：M_e 为发动机的输出转矩（N·m）；i_g 为变速器的传动比；i_0 为主减速器的传动比；η_n 为拖拉机传动系的机械效率；r_q 为驱动轮的滚动半径（m）。

$$F_f=(m_1+m_2)fg \tag{4-6}$$

式中：f 为滚动阻力系数。

$$F_i=(m_1+m_2)g\sin\gamma \tag{4-7}$$

式中：γ 为拖拉机机组作业坡度。

$$F_T=\frac{367(N_e-N_m-N_f-N_\delta)}{v} \tag{4-8}$$

式中：N_e 为发动机的有效输出功率（kW）；N_m 为传动系的损失功率（kW）；N_f 为机组移动消耗的功率（kW）；N_δ 为拖拉机驱动轮滑转损失的功率（kW）；v 为拖拉机机组的行驶速度。

拖拉机机组动力学仿真模型如图 4-38 所示，在系统工作过程中将输出量拖拉机行驶速度 v 反馈至模型输入端并参与对系统输出量的控制，构成了闭环控制系统。

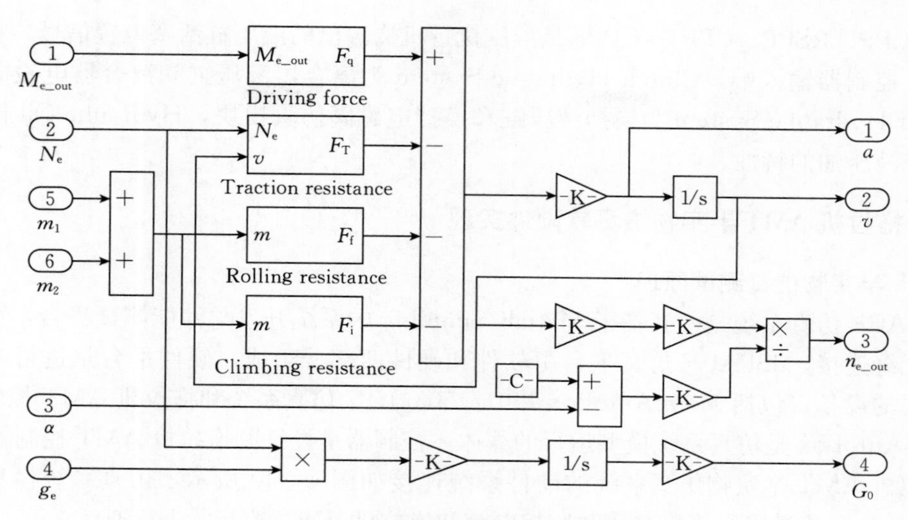

图 4-38 拖拉机机组动力学仿真模型

4.4.2.4 拖拉机 AMT 液压执行机构模型

拖拉机 AMT 控制器软件在运行过程中，需要液压执行机构为其提供反馈信号作为判断和计算依据，使用 Simscape 工具箱建立液压执行机构仿真模型来模拟实际离合器和换挡执行机构动作，为控制器软件提供输入参数和控制对象。拖拉机 AMT 液压执行机构仿真模型如图 4-39 所示，PWM1A～PWM5A、PWM1B～PWM5B 是 AMT 控制器输出的 10 路脉

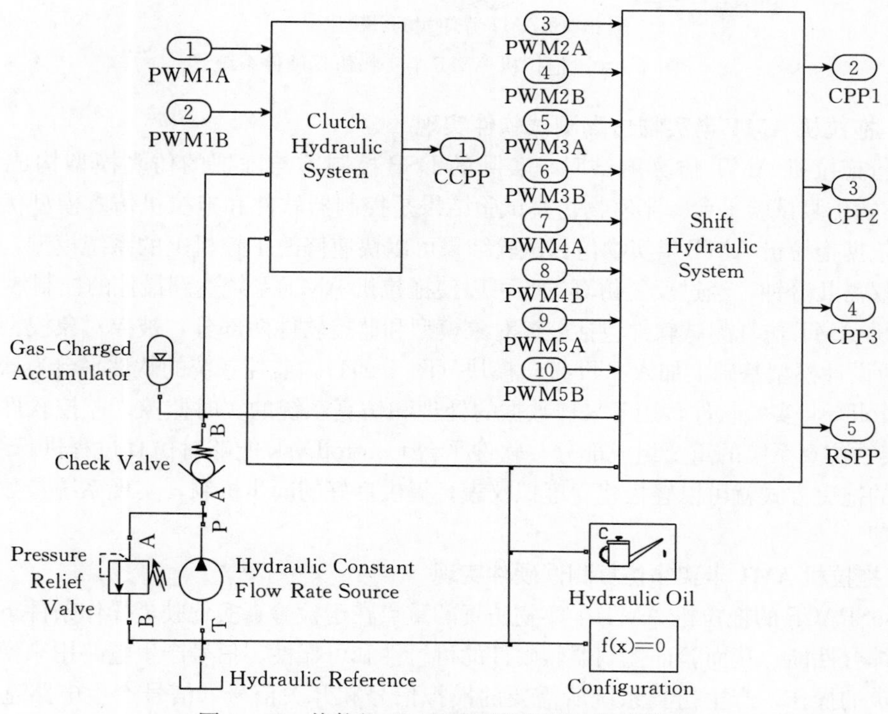

图 4-39 拖拉机 AMT 液压执行机构仿真模型

冲波，CCPP、RSPP、CPP1～CPP3 是液压执行机构输出的液压缸活塞位置信号，直接反馈至 AMT 控制器输入端，Clutch Hydraulic System 为离合器液压缸和离合器电磁阀仿真模块，Shift Hydraulic System 为换挡液压缸和换挡电磁阀仿真模块，Hydraulic Oil 模块用于设置系统液压油的特性。

4.4.3 拖拉机 AMT 半实物仿真软硬件实现

4.4.3.1 半实物仿真测试原理

dSPACE 仿真系统是一套基于 Matlab/Simulink 的系统开发与性能测试平台，可以实现两者的无缝连接。dSPACE 仿真平台由软件和硬件两部分组成，硬件平台是进行半实物仿真所需要的设备，包括 MicroAutoBox 1401/1505/1507 仿真系统和拖拉机 AMT 控制器，其中 MicroAutoBox 是仿真系统模型运行的载体，控制器是设计的拖拉机 AMT 控制器。

拖拉机 AMT 半实物仿真系统的硬件系统连接如图 4-40 所示，仿真系统模型控制器 MicroAutoBox 通过串行接口与实时监控电脑和拖拉机 AMT 控制器进行通信。

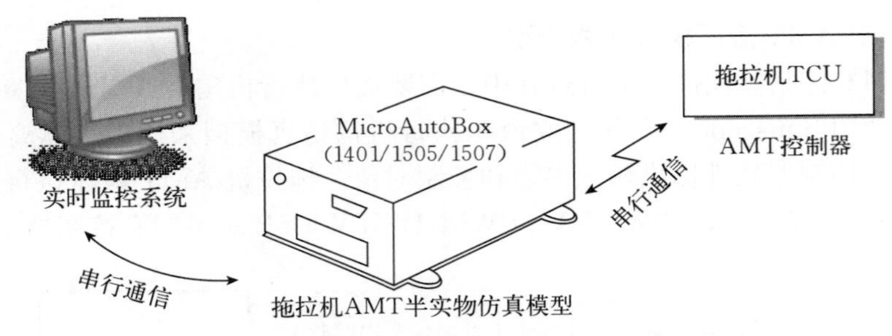

图 4-40 拖拉机 AMT 半实物仿真硬件系统

4.4.3.2 拖拉机 AMT 半实物仿真测试软件实现

在进行拖拉机 AMT 仿真测试时，实际的 DSP 控制器与虚拟的仿真模型构成了拖拉机 AMT 半实物仿真试验平台。半实物仿真试验结果是控制器软件和拖拉机仿真模型优化和改进的基础，依据拖拉机 AMT 半实物仿真试验结果可以快速修改工控机上的系统模型，进行一次仿真试验仅需几分钟，经过反复仿真试验可以使拖拉机 AMT 系统达到最佳的控制效果。

拖拉机 AMT 仿真测试软件包括被控对象模型和监控软件两部分，被控对象模型是在本章 4.2 节中所设计模型基础上加入 RTI 接口模块（图 4-41），监控系统的软件平台为 dSPACE 提供的 ControlDesk 实验软件，用于采样数据的处理和仿真系统的实时监控。监控软件是拖拉机 AMT 半实物仿真系统的重要组成部分，软件平台 ControlDesk 能够对仿真过程进行综合管理，使用简单的拖曳方式就可以轻松建立虚拟仪表，提供良好的同步机制，实现系统参数与变量的可视化管理。

4.4.3.3 拖拉机 AMT 半实物仿真测试硬件实现

基于 dSPACE 的拖拉机 AMT 半实物仿真的重点在于检验真实驾驶员操作条件下拖拉机传动系统的综合性能，从而验证控制器软硬件的可行性和可靠性。信号产生电路用来模拟实际拖拉机驾驶员的操作，产生仿真系统所需要的模拟信号和开关信号，信号产生电路基本情况如表 4-9 所示。

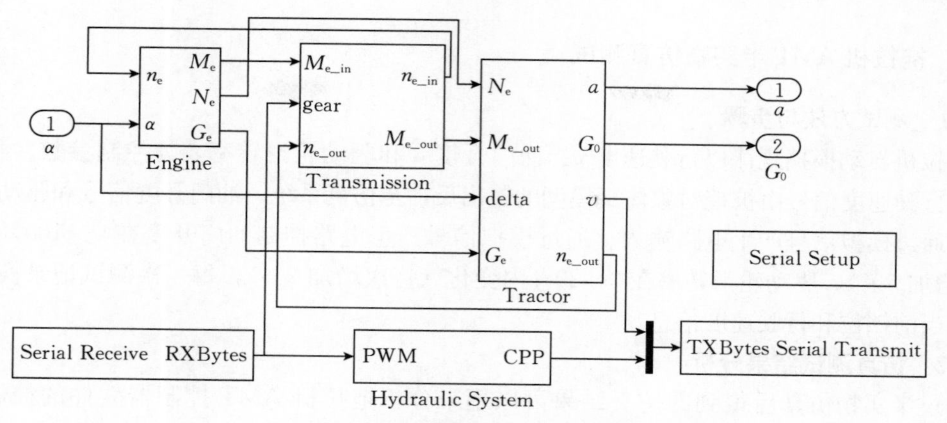

图 4-41 半实物仿真系统被控对象模型

表 4-9 信号产生电路基本情况

信号类型	信号通道数	模拟对象
开关信号	6	模式开关和换挡手柄位置
模拟信号	3	滑转率、油门开度和制动踏板位置

开关信号产生电路原理如图 4-42 所示，当开关 S_1、S_2、S_3、S_4、S_5、S_6 闭合时发生器相应输出端产生 12 V 高电平，当开关断开时产生 0 V 低电平，可用来模拟拖拉机工作过程中经济/动力模式、巡航模式、高/低速模式等模式开关产生的开关信号。

模拟信号产生电路原理如图 4-43 所示，定值电阻 R_1、R_2、R_3 的阻值都为 100 Ω，滑动变阻器 R_4、R_5、R_6 的阻值为 1 kΩ。通过调节滑动变阻器滑片位置，可以调整输出端输出 0～5 V 直流电压，可以用来模拟制动踏板位置传感器等传感器输出的模拟信号。

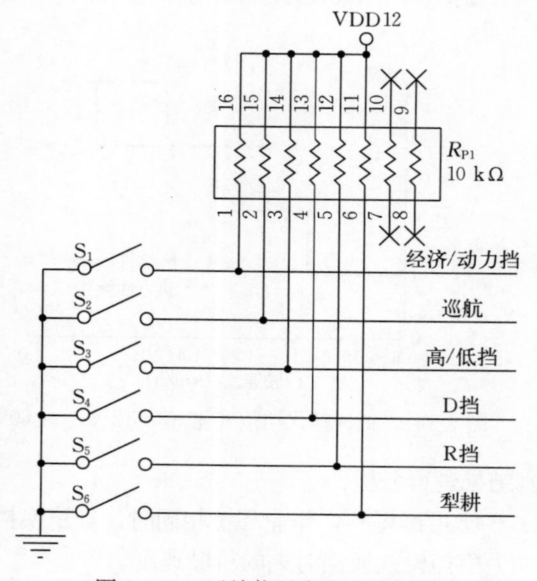

图 4-42 开关信号产生电路原理

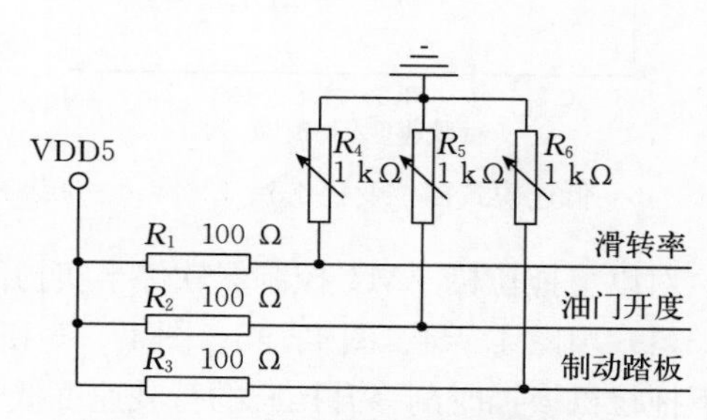

图 4-43 模拟信号产生电路原理

4.4.4 拖拉机 AMT 半实物仿真测试

4.4.4.1 测试方法与步骤

拖拉机自动换挡规律以行驶速度 v、油门开度 α 和驱动轮滑转率 δ 为控制参数。测试时，拖拉机行驶速度信号由被控对象仿真模型的输出反馈至仿真系统，油门开度信号和驱动轮滑转率信号通过模拟信号产生电路输入。通过模拟信号产生电路控制油门开度在 0～100%内变化(每次增加 5%)，驱动轮滑转率在 0～20%内变化（每次增加 2%），每一次测试记录换挡时刻速度、当前挡位和行驶速度信息。

4.4.4.2 仿真测试结果分析

经过半实物仿真后得到的仿真结果可以用来分析拖拉机 AMT 控制器软件的控制效果，图 4－44和图 4－45 为低速模式下驱动轮滑转率为 4%、油门开度分别为 30%和 60%时对应的拖拉机挡位与行驶速度关系曲线，图 4－46 和图 4－47 为低速模式下驱动轮滑转率为 12%、油门开度分别为 30%和 60%时对应的拖拉机挡位与行驶速度关系曲线。

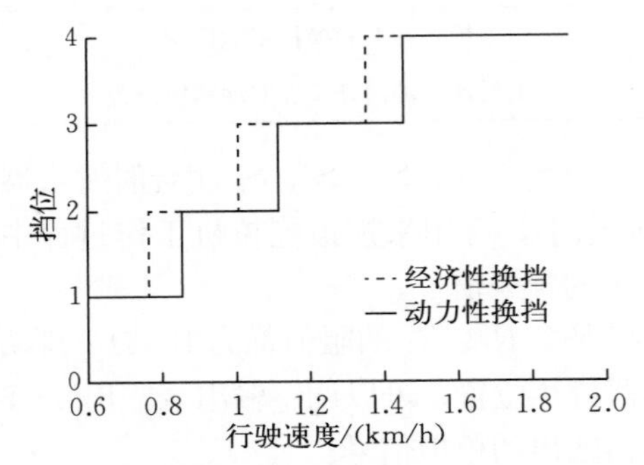

图 4－44　低速模式挡位变化（δ=4%，α=30%）

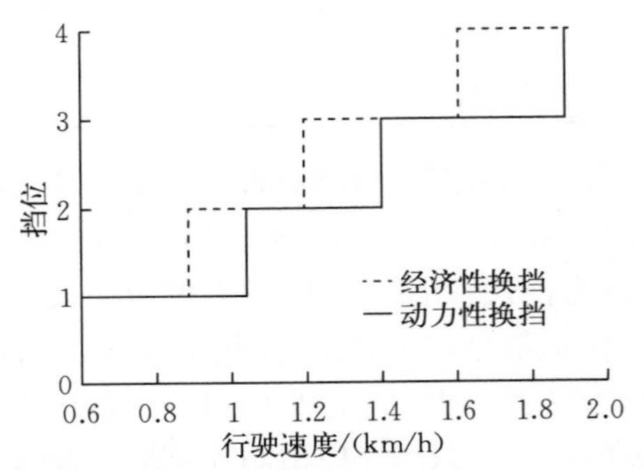

图 4－45　低速模式挡位变化（δ=4%，α=60%）

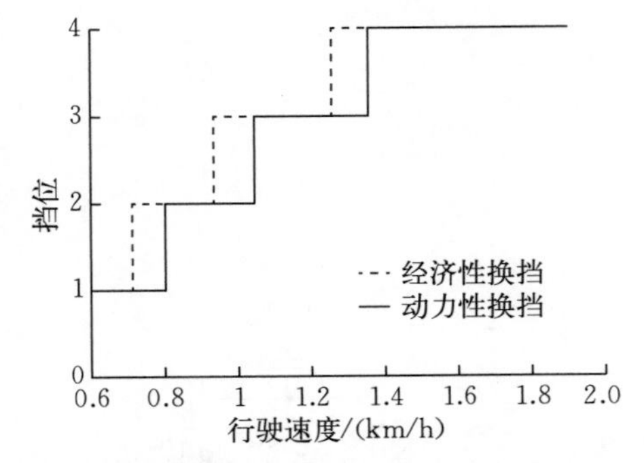

图 4－46　低速模式挡位变化（δ=12%，α=30%）

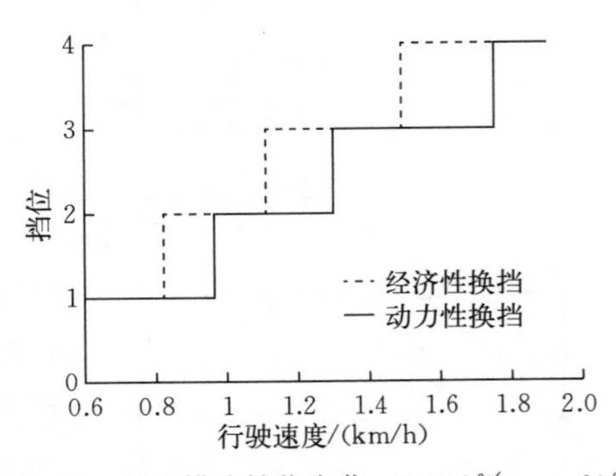

图 4－47　低速模式挡位变化（δ=12%，α=60%）

对以上拖拉机 AMT 控制器软件半实物仿真结果进行分析：

（1）由图 4－44、图 4－45、图 4－46 和图 4－47 可以得到，作业环境相同时，经济换挡模式下拖拉机换挡时刻（升挡）的行驶速度低于动力换挡模式换挡时刻的行驶速度。

（2）由图 4－44 和图 4－45 可以得到，当驱动轮滑转率一定（为 4%）时，拖拉机换挡时刻（升挡）的行驶速度随油门开度的增大而增大（由图 4－46 和图 4－47，即当驱动轮滑转率为 12%时也可以得到相同结论）。

（3）由图 4－44 和图 4－46 可以得到，当油门开度一定（为 30%）时，拖拉机换挡时刻（升挡）的行驶速度随驱动轮滑转率的增大而减小（由图 4－45 和图 4－47，即当油门开度为 60%时也可以得到相同结论）。

以上分析的结论符合拖拉机 AMT 实际作业情况，由此可知，应用程序能够在拖拉机 AMT 控制器中稳定运行。

图 4－48 为动力换挡模式下三参数换挡规律曲线与半实物仿真换挡规律曲线比较。由图可以看出，拖拉机 AMT 半实物仿真测得的换挡规律曲线与设计的换挡规律曲线存在一定偏差，最大偏差控制在 3%左右，可以满足拖拉机 AMT 系统要求。该偏差产生的原因主要有两个方面：硬件上，信号调理电路、信号采集电路和片内 ADC 模块电压转换计算时存在误差；软件上，控制参数实际值计算环节的误差，任务线程调度时出现的响应时间延迟等都是系统仿真时换挡规律曲线产生偏差的原因。

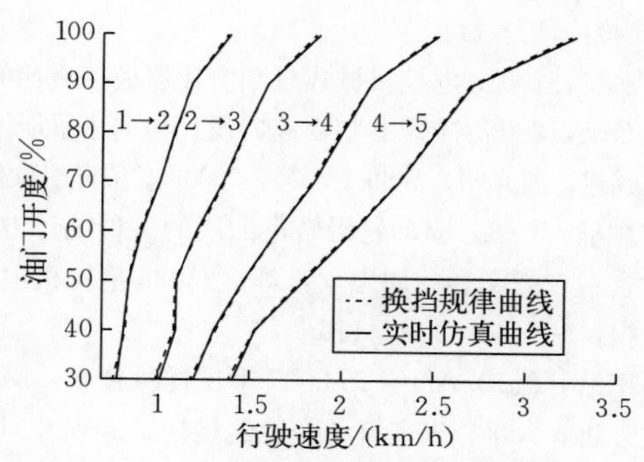

图 4－48 低速模式下仿真与设计的升挡规律曲线

主 要 参 考 文 献

陈军，师帅兵，席新明，等，2001. 发动机性能试验数据处理方法的研究 [J]. 西北农林科技大学学报，29 (4)：112-114.

陈永东，2007. 电控机械式自动变速器换挡规律的研究 [D]. 武汉：武汉理工大学.

程乃士，2006. 减速器和变速器设计与选用手册 [M]. 北京：机械工业出版社.

范成建，熊光明，周明飞，等，2006. 虚拟样机软件 MSC. ADAMS 应用与提高 [M]. 北京：机械工业出版社.

方在华，1992. 驱动轮滑转率曲线的一种统计方法 [J]. 农业机械学报，23 (1)：80-84.

付主木，张文春，周志立，等，2003. 拖拉机电控机械式自动变速器动力性换挡规律研究 [J]. 农业工程学报，19 (4)：114-116.

葛正浩，2010. ADAMS 2007 虚拟样机技术 [M]. 北京：化学工业出版社.

过学迅，2000. 汽车自动变速器结构、原理 [M]. 北京：机械工业出版社.

韩峻峰，2003. 模糊控制技术 [M]. 重庆：重庆大学出版社.

兰燕东，1993. 评定同步器换挡特性的方法 [J]. 天津汽车 (4)：14-17.

雷雨龙，李永军，葛安林，等，2000. 机械式自动变速器起步过程控制 [J]. 机械工程学报，36 (5)：70-72.

李颖，2004. Simulink 动态系统建模与仿真基础 [M]. 西安：西安电子科技大学出版社.

李增刚，2006. ADAMS 入门详解与实例 [M]. 北京：国防工业出版社.

刘国庆，杨庆东，2003. ANSYS 工程应用教程 [M]. 北京：中国铁道出版社.

洛阳拖拉机研究所，2001. 东方红-1302R 橡胶履带拖拉机性能试验报告 [R]. 洛阳.

马士泽，2001. 键合图在无级变速器液压系统中的应用研究 [J]. 筑路机械与施工机械化，18 (6)：7-9.

浦广益，2010. ANSYS Workbench 12 基础教程和实例详解 [M]. 北京：中国水利水电出版社.

盛敬超，1980. 液压流体力学 [M]. 北京：机械工业出版社.

王季方，卢正鼎，2000. 模糊控制隶属度函数的确定方法 [J]. 河南科学 (4)：348-351.

王望予，2000. 汽车设计 [M]. 3 版. 北京：机械工业出版社.

王永金，孙克豪，等，2004. 虚拟装配技术研究概述 [J]. 机械制造，31 (4)：1-3.

肖勇明，2008. 汽车离合器起步阶段局部模糊控制研究 [J]. 汽车技术，12 (3)：228-231.

徐立友，2007. 拖拉机液压机械无级变速器特性研究 [D]. 西安：西安理工大学.

余志生，2002. 汽车理论 [M]. 3 版. 北京：机械工业出版社.

张俊智，王丽芳，葛安林，1999. 机械式自动变速器离合器控制规律研究 [J]. 机械工程学报 (3)：55-58.

张松林，2007. 最新轴承手册 [M]. 北京：电子工业出版社.

张文春，方在华，1987. 理论牵引特性曲线数学模型及计算机作图程序 [J]. 拖拉机 (5)：23-28.

郑建荣，2002. ADAMS 虚拟样机技术入门与提高 [M]. 北京：机械工业出版社.

周尔民，2005. 汽车变速器虚拟装配仿真技术的应用研究 [J]. 机械制造，43 (494)：11-14.

Bai Shi，Moses R，Schanz T，2002. Development of a New Clutch-to-clutch Shift Control Technology [J]. SAE，23 (8)：873-885.

Ge Anlin，1989. Automatic Clutch Control in the System of Automated Mechanical Transmission [J]. IPC5，Proc. 891371.

Lankarani H M, Nikravesh P E. A Contact Force Model with Hysterseis Damping for Impact Analysis of Multi - body Systems [J]. Journal of Mechanical Design, 1 (12): 369 - 376.

Joachim Horn, Joachim Bamberger, Peter Michau, et al, 2003. Flatness - based Clutch Control for Automated Manual Transmissions [J]. Control Engineering Practice (11): 1353 - 1359.

N gwompo R F, Gaw throp P J, 1999. Bond Graph - based Simulation of Non - linear Inverse Systems Using Physical Performance Specification [J]. Journal of the Franklin Institute (336): 1225 - 1247.

Craig R, Bampton M C C, 1968. Coupling of Substructures for Dynamics Analyses [J]. AIAA Journal, 6 (7): 1313 - 1319.

图书在版编目（CIP）数据

拖拉机电控机械式自动变速器关键技术 / 闫祥海著
. —北京：中国农业出版社，2024.10
ISBN 978-7-109-31804-5

Ⅰ.①拖… Ⅱ.①闫… Ⅲ.①拖拉机—电子控制—自动变速装置 Ⅳ.①S219.03

中国国家版本馆 CIP 数据核字（2024）第 055428 号

中国农业出版社出版
地址：北京市朝阳区麦子店街 18 号楼
邮编：100125
责任编辑：冯英华　　文字编辑：李兴旺
版式设计：书雅文化　　责任校对：吴丽婷
印刷：中农印务有限公司
版次：2024 年 10 月第 1 版
印次：2024 年 10 月北京第 1 次印刷
发行：新华书店北京发行所
开本：787mm×1092mm　1/16
印张：9.25
字数：225 千字
定价：78.00 元